职业教育课程改革创新系列规划教材

# 网络存储技术项目教程

李清华　唐凡江　主编

龚锦龙　副主编

科学出版社

北京

# 内 容 简 介

本书是职业教育课程改革创新系列规划教材之一，采用项目教学和任务驱动教学相结合的编写思想。本书的项目 1～项目 4 围绕存储介质、存储磁盘柜、网络存储的基础知识与基本应用、磁盘阵列技术（RAID、CRAID）来组织内容；项目 5、项目 6 讲述在存储系统中如何管理存储逻辑资源，如 RAID、LUN、Initiator、Target，并在此基础上精心组织综合案例进行详细的解读；项目 7 结合 Windows 环境介绍 iSCSI 客户端软件的使用方法及 iSCSI CHAP 认证；项目 8 着重于介绍 IP-SAN 存储管理系统的设置与维护。

本书可作为职业院校、技术院校计算机、通信、电子及相关专业的教材，也可作为相关培训机构的培训教材。

**图书在版编目（CIP）数据**

网络存储技术项目教程/李清华，唐凡江主编. —北京：科学出版社，2015
（职业教育课程改革创新系列规划教材）

ISBN 978-7-03-043794-5

Ⅰ. ①网…  Ⅱ. ①李…  ②唐…  Ⅲ. ①计算机网络-信息存储-职业教育-教材  Ⅳ. ①TP393.0

中国版本图书馆 CIP 数据核字（2015）第 051976 号

责任编辑：张振华 / 责任校对：马英菊
责任印制：吕春珉 / 封面设计：曹 来

**科 学 出 版 社** 出版

北京东黄城根北街 16 号
邮政编码：100717
http://www.sciencep.com

三河市骏杰印刷有限公司印刷
科学出版社发行  各地新华书店经销

\*

2015 年 5 月第 一 版    开本：787×1092  1/16
2019 年 8 月第四次印刷    印张：14 3/4
字数：350 000

定价：35.00 元

（如有印装质量问题，我社负责调换＜骏杰＞）

销售部电话 010-62134988  编辑部电话 010-62135120-2005（VT03）

# 序

在 IT 领域中，计算设备、网络设备、存储设备并称为 IT 基础设施三大支柱。在每一个数据中心里，所有经过网络传输和服务器处理的数据最终都要存入存储设备。因此，存储是支撑数据高速存取，保证业务系统连续运行，提供数据可靠性、数据安全性的保障。中国的信息化建设经过多年的发展，正在进入以自主创新、自主可控为标志的新阶段，尤其在云计算和大数据浪潮推动下，IT 建设呈现出大集中、大整合、资源互通的建设趋势。存储技术在数据中心建设、信息安全保障方面的地位日益突显，已经引起各行业各级部门的高度重视。

中国存储市场的市场规模日益扩大，与此相对的是中国存储人才的极度匮乏。在国内，计算机领域的教育和培训大多集中于软件应用与网络维护方面，较少涉及存储技术的相关内容。然而随着存储行业的飞速发展，人才培养滞后与存储市场对人才的需求的落差越来越大。

"人才为本，教育当先"，人才的培养离不开教育。近些年，我们欣喜地看到，一些院校开始开设了专门的存储课程和培训，着力于培育存储领域的专业人才。其中，佛山市华材职业技术学校就专门开设了与存储相关的课程，并建立了存储实训室。这对于培养专业存储人才，是一件非常有意义的事情。《网络存储技术项目教程》从存储最基本的介质——磁盘讲起，内容涵盖存储实际应用的整个过程。本书非常注重实用性，不仅有基础知识的讲解，还有对应的实战演练，尤其适用于没有太多存储基础知识的初学者。相信通过这本书的学习，很多对存储感兴趣的读者会了解存储、熟悉存储，真正走入存储技术之门。

杭州宏杉科技有限公司

产品总监　许云松

# 前　　言

随着不断加速的信息需求使得存储容量飞速增长，存储系统网络平台已经成为一个核心平台，同时各种应用对平台的要求也越来越高，不仅在存储容量上，还包括数据访问性能、数据传输性能、数据管理能力、存储扩展能力等多个方面。可以说，存储网络平台综合性能的优劣，将直接影响到整个系统的正常运行。因此，发展一种具有成本效益和可管理的先进存储方式就成为必然。网络存储技术（Network Storage Technologies），是以互联网为载体实现数据的传输与存储，数据可以在远程的专用存储设备上，也可以是通过服务器来进行存储的。

编者学习存储技术多年，发现在存储领域，有很多的知识与概念并不完全具有代表性，特殊化与个性化的东西比较多。对网络技术而言，只需学习网络 OSI 模型、TCP/ IP、以太网交换、IP 路由，就掌握了建设中小型企业网络所需的网络技术原理。而存储技术却并不完全是这样，它不像网络技术那么规范和通用。目前网络存储技术沿着三个主要的方向（NAS、SAN、IP-SAN）发展。

全书共分 8 个项目。项目 1 为磁盘的认知及磁盘模块的拆装管理，项目 2 为磁盘分区与维护，项目 3 为架设 IP-SAN 存储磁盘柜，项目 4 为网络存储的基本认知与应用，项目 5 为磁盘阵列的基本认知与应用，项目 6 为管理 IP-SAN 逻辑资源，项目 7 为 iSCSI 客户端软件的使用与 CHAP 认证，项目 8 为存储管理系统的设置与维护。本书旨在培养读者掌握部署存储资源的基本能力。书中内容丰富、图文并茂，实验步骤清晰、明确，对实际操作有较强的指导作用，可帮助读者在理解存储技术基本概念和原理的基础上，通过具体的实验和应用体验协助读者加深对网络存储技术的认识。

本书由李清华（数据通信高级工程师）、唐凡江（高级教师）担任主编，龚锦龙（杭州宏杉科技有限公司　经理）担任副主编。在本书的编写过程中，陈启浓老师给予了很多的指导意见，在此表示感谢。同时，也得到了存储厂商宏杉科技的大力支持与协助，在此一并感谢。

由于编者水平有限，书中难免存在疏漏和不足之处，敬请广大读者批评指正。

李清华

2014 年 12 月

# 目　录

# 1 项 目

## 磁盘的认知及磁盘模块的拆装管理

>>>>

◎ **项目导读**

存储技术发展至今仍然以磁盘作为基础介质，存储可理解为一个后台数据仓库，往往缺乏直观的应用体验。如果没有业务需求和长期运营维护经验，则对存储的重要性和存储的问题感受不深，事实上，据统计，70%以上的系统性能问题与存储系统有关。

在大量使用机械磁盘的条件下，控制故障，提供高数据安全性、业务连续是一个复杂的软硬件综合系统工程。因此，全面掌握磁盘基础知识和磁盘模块的安装技能对于存储系统管理员来说，是一项最为基本的能力目标。

◎ **能力目标**

- 认识磁盘，理解磁盘工作原理。
- 认识磁盘类型、接口，熟悉市场上主流磁盘的型号、性能参数，可完成对磁盘的基本选型。
- 认识存储磁盘模块，能完成对磁盘模块的物理安装。
- 能够在存储系统中完成对磁盘模块的管理。

## 任务 1.1  磁盘的认知与选购

◎ **任务描述**

　　磁盘是存储系统中一种重要的存储硬件资源，随着磁盘技术的日新月异，磁盘在速度、容量及可靠性方面都得到了全面提升，人们对磁盘接口类型以及标准提出了新的要求。磁盘的接口大致可分成 ST-506 接口、ESDI 接口、IDE 与 EIDE 接口、DMA（ATA）100/133、SATA 接口、SCSI 接口、光纤通道……磁盘接口千篇一律的时代早已成为过去，在这个时代，存储对磁盘的需求越来越个性化。因此认识磁盘类型及接口，理解磁盘的工作原理以及如何对应到存储中的磁盘模块，是十分必要的。

◎ **任务目标**

　　1. 理解磁盘的工作原理。

　　2. 认识磁盘的类型、接口及性能参数。

　　3. 熟悉市场上主流磁盘的型号、性能参数，可完成对磁盘的基本选型。

◎ **设备环境**

　　1. 多块 SATA 磁盘，型号为 WD 20PURX，容量为 2TB。

　　2. 多块磁盘模块。

　　3. 一台存储系统，型号为 MacroSAN MS 2510i（宏杉科技产品）。

　　4. 学生实训用计算机（Windows 7 操作系统），带有千兆以太网卡。

　　5. 通过局域网实现学生实训主机与存储系统的 IP 可达。

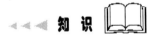

**知识1  磁盘驱动器及磁盘的认知**

　　磁盘驱动器通过在一定方向上用磁化铁磁体材料来表示 0 或 1 的二进制数，以此记录数据。驱动器通过检测材料的磁性读取数据。磁碟以极高的速度旋转。在它旋转经过距离磁性表面非常近的读写磁头时，信息就会被写入磁碟。读写磁头可以检测和改变位于其正下方的材料的磁性。每个磁碟表面在磁盘轴上都有一个对应的磁头，它们安装在一个公用的传动臂上。随着磁碟的旋转，传动臂（又称存取臂）沿着弧形轨迹（大致为径向方向）移动磁头，从而让每个磁头能够随着磁碟的旋转而访问几乎整个磁碟表面。传动臂是使用音圈电动机或步进电动机（早期设计）来传动的。每个磁碟的磁性表面划分成若干个亚微米大小的小型磁性区域，每个区域用于编码一个二进制信息单位。在现在的磁盘驱动器中，这些磁性区域都由几百个磁性粒子组成。

　　在磁头中，读取元件和写入元件是分开的，但它们的位置在传动臂的磁头部分又非常接近。读取元件通常采用抗电磁材料，而写入元件通常采用薄膜感应材料。

物理磁盘中所有的盘片都装在一个旋转轴上，每张盘片之间是平行的，在每张盘片的存储面上有一个磁头，磁头与盘片之间的距离比头发丝的直径还小，所有的磁头联结在一个磁头控制器上，由磁头控制器负责各个磁头的运动。物理磁盘硬件结构如图 1-1-1 所示。磁头可沿盘片的半径方向运动，加上盘片每分钟几千转的高速旋转，磁头就可以定位在盘片的指定位置上进行数据的读写操作。磁盘作为精密设备，尘埃是其大敌，必须完全密封。

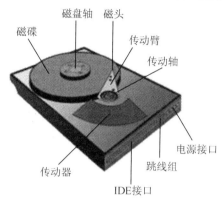

图 1-1-1　物理磁盘硬件结构图

逻辑磁盘是一种用于在计算机系统的一个或多个物理磁盘驱动器上提供可用存储容量的设备。它也称为逻辑卷，在一些情况下也称为虚拟磁盘。这种磁盘之所以称为逻辑磁盘，是因为作为一个物理实体，它实际上并不存在。逻辑磁盘可在存储基础架构堆栈中的多种级别上定义。这些级别从上到下依次为操作系统、存储区域网络、存储系统。

### 知识2　磁盘的工作原理

概括地说，磁盘的工作原理是利用特定的磁粒子的极性来记录数据，如图 1-1-2 所示。磁头在读取数据时，将磁粒子的不同极性转换成不同的电脉冲信号，再利用数据转换器将这些原始信号变成计算机可以使用的数据，写的操作正好与此相反。

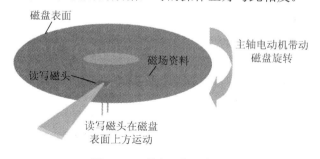

图 1-1-2　磁盘工作示意图

另外，磁盘中还有一个存储缓冲区，这是为了协调磁盘与计算机处理器在数据处理速度上的差异而设的。由于磁盘的结构比软盘复杂得多，如图 1-1-3 所示，因此它的格式化工作也比软盘要复杂，分为低级格式化、磁盘分区、高级格式化并建立文件管理系统。

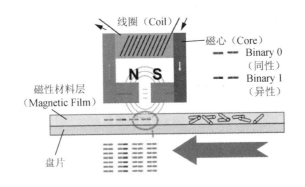

图 1-1-3　盘片结构

　　磁盘驱动器加电正常工作后，利用控制电路中的单片机初始化模块进行初始化工作，此时磁头置于盘片中心位置，初始化完成后主轴电动机将起动并以高速旋转，装载磁头的机构移动，将浮动磁头置于盘片表面的 00 道，处于等待指令的启动状态。当接口电路接收到计算机系统传来的指令信号，通过前置放大控制电路，驱动音圈电动机发出磁信号，根据感应阻值变化的磁头对盘片数据信息进行正确定位，并将接收后的数据信息解码，通过放大控制电路传输到接口电路，反馈给计算机系统完成指令操作。结束磁盘操作的断电状态时，在反力矩弹簧的作用下浮动磁头驻留到盘面中心。

### 知识3　磁盘类型及接口

　　磁盘类型有 ATA、SCSI、FC、SATA、SAS 等，下面分别简单介绍。

　　（1）ATA 磁盘类型（图 1-1-4）

　　ATA（Advanced Technology Attachment，高级技术附加装置）磁盘是传统的桌面级磁盘，主要应用于个人计算机，也常称为 IDE（Integrated Drive Electronics）磁盘。

　　ATA 接口采用的是并行 ATA 技术，下一代技术是串行 ATA（SATA）。

　　（2）SCSI 磁盘类型（图 1-1-5）

图 1-1-4　ATA 磁盘类型接口　　　　　　　　图 1-1-5　SCSI 磁盘类型接口

　　SCSI（Small Computer System Interface，小型计算机系统接口）磁盘的并发处理性能优异，常应用于企业级存储领域。SCSI 磁盘采用并行接口，接口速率目前发展到 320MB/s，将来必被其串行版本 SAS（Serial Attached SCSI）磁盘所替代。

（3）FC 磁盘类型（图 1-1-6）

图 1-1-6　FC 磁盘类型接口

FC 磁盘采用 FC-AL（Fiber Channel Arbitrated Loop，光纤通道仲裁环）接口模式。

FC-AL 是一种双端口的串行存储接口，能够提供 200MB/s 的速率，规划达到 400MB/s，支持全双工工作方式。

FC-AL 利用类似 SATA/SAS 所用的 4 芯连接，提供一种单环拓扑结构，一个控制器能访问 126 个磁盘。

（4）SATA 磁盘类型（图 1-1-7）

SATA 即 Serial ATA（Serial Advanced Technology Attachment，串行 ATA），采用串行方式进行数据传输，接口速率比 IDE 接口高，最低为 150MB/s，并且第二代（SATA II）300MB/s 接口磁盘已经形成商用，规划最高速率可达 600MB/s。

SATA 磁盘采用点对点连接方式，支持热插拔，即插即用。

（5）SAS 磁盘类型（图 1-1-8）

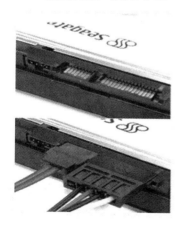

图 1-1-7　SATA 磁盘类型接口　　　　　　图 1-1-8　SAS 磁盘类型接口

SAS 是一种点对点、全双工、双端口的接口。

SAS 专为满足高性能企业需求而设计，并且兼容 SATA 磁盘，为企业用户带来高灵活性。能够提供 3.0Gbit/s 的传输率，规划到 12.0Gbit/s。SAS 连接器可以同时支持 SATA 和 SAS 磁盘；通过 Expander 可以扩展到 16000 个设备；支持世界范围内唯一的设备 ID，提高了设备寻址能力；支持更长距离的电缆，在无光纤传输能力的情况下，电缆长度可以达到 10m。

磁盘接口类型基本参数对比表如表 1-1-1 所示。

表 1-1-1　磁盘接口类型基本参数对比表

| 类别<br>项目 | ATA | SATA | SCSI | SAS | FC |
|---|---|---|---|---|---|
| 转速/(r/min) | 7200 | 7200 | 15000 | 15000 | 15000 |
| 缓存/MB | 8/16 | 8/16 | 8/16 | 8/16 | 8/16 |
| 串行/并行 | 并行 | 串行 | 并行 | 串行 | 串行 |
| 磁盘主流容量/GB | 250 | 1000 | 300 | 300 | 300 |

实　训

活动 1 看型号识磁盘

（1）Seagate 磁盘

Seagate（希捷）磁盘型号标志相对比较简单，目前 Seagate 面向桌面级市场推出的磁盘主要有 Barracuda ATA（新酷鱼）系列（包括 Barracuda ATA Ⅰ/Ⅱ/Ⅲ/Ⅳ/Ⅴ）和 U 系列。需要特别指出的是，Seagate 启用了全新的产品系列命名规则，新酷鱼磁盘系列名为 Barracuda 7200.7plus（8MB 缓存）、Barracuda 7200.7（2MB 缓存）和 Barracuda 5400.1，这种产品系列命名规则与 Seagate 高端 SCSI 磁盘相一致。它们将取代 Barracuda ATA 和 U 系列。

在具体磁盘的型号命名上，Seagate 在 1999 年 1 月 1 日以后生产的磁盘的编码都由四部分组成，即"产品品牌+外形尺寸+容量+接口类型+扩展值"，如图 1-1-9 所示。

| ST | × | ××× | ×× | × |
|---|---|---|---|---|
| 1 | 2 | 3 | 4 | 5 |

图 1-1-9　Seagate 磁盘及型号编码

1）ST 代表厂商简称，即 Seagate 的缩写。

2）由一个数字组成，它代表磁盘的外形尺寸，如 3 代表它是 3.5 英寸（1 英寸≈2.45cm）的磁盘。

3）由四位或五位数字组成，它代表磁盘的标准容量，如 30620 代表磁盘容量为 30620MB。

4）由一至三位字母组成，它代表磁盘支持的接口类型。A 代表 IDE 接口，AG 代表笔记本式计算机专用 ATA 接口，W 和 N 代表 SCSI 接口，W/FC 代表光纤通道，AS 代表 SATA。

5）由几位数字组成，它代表磁盘的扩展值。

从希捷磁盘的编号我们只能知道这些大概的指标，具体的单碟容量、缓存大小等参数，用户可以登录希捷官方网站 http://www.seagate.com 查询。

（2）Maxtor 磁盘

Maxtor（迈拓）从推出金钻七代开始，其产品系列的命名就比较混乱，像金钻系列六代命名为 DiamondMax Plus 60 而金钻七代的命名是 DiamondMax Plus D740X，到了金钻八代，系列命名又改为 DiamondMax Plus 8，如此，金钻九代的命名是 DiamondMax Plus 9。对于金钻六代到九代，其命名有一个最明显的特征，即所有金钻系列磁盘的前面都是 DiamondMax Plus。

与此相对的是，所有迈拓的星钻和美钻系列磁盘前面的标志都是 DiamondMax，只比金钻系列少了 Plus。了解这些系列名称对于了解一款产品有非常大的好处，例如，金钻九代肯定比七代新，那么它的单碟容量也会比较高，在同等条件下，它所带来的磁盘性能肯定相对高些。

与希捷磁盘系列型号一样，迈拓的这些系列名称并不能代表具体产品型号的含义。迈拓磁盘型号的编码方式如图 1-1-10 所示。

| × | ×××× | × | × |
|---|---|---|---|
| 1 | 2 | 3 | 4 |

图 1-1-10　Maxtor 磁盘型号编码

1）由一位或两位字母或数字组成，是迈拓磁盘产品型号的标志符。6Y 代表金钻九代，6E 代表金钻八代，6L 代表金钻七代，5T 代表金钻六代，2R 代表美钻一代，2B 代表美钻二代，3（40GB 或以下）或 9（40GB 以上）代表星钻一代，4W 代表星钻二代，4D（4K）代表新火球一代。

2）由三位或四位数字组成，它代表磁盘的容量。例如，040 代表 40GB。

3）由一位字母组成，它代表磁盘的接口类型。J 或 L 代表 Utral ATA/133 接口，H 代表 Utral ATA/100 接口，U 代表 Utral ATA/66 接口，D 代表 Utral ATA/33 接口，P 代表该磁盘是 8MB 缓存且为 ATA/133 接口，M 代表该款磁盘支持 SATA 接口类型。

4）由一位数字组成，它代表磁盘盘体中的物理磁头数，这里特别说明一下，自金钻八代开始，最后一位数字都是 "0"，不代表任何含义。

对于其他迈拓磁盘的产品型号，相信读者也可以举一反三。例如，6Y080P0 就代表这款磁盘属于金钻九代，容量为 80GB，支持 ATA/133，而且它的数据缓存为 8MB。

（3）WD（西数）磁盘型号编码

编码形式：WD<××××>ABCD。

1）WD：西数的英文简写。

2）××××：代表磁盘的容量，为 2～4 位十进制数。

3）A：表示容量和尺寸，含义见表 1-1-2。当 A 位是 F 且×××× 为 4 位数字时，表示磁盘是一个新式命名的 3.5 英寸 TB 级磁盘；当 A 位是 F 且×××× 为 2 位数字时，表示是一个 TB 级的磁盘。

表 1-1-2　容量与尺寸表

| 字　　母 | 含　　义 |
|---|---|
| A | 3.5 英寸 GB 级磁盘 |
| B | 2.5 英寸 GB 级磁盘 |
| C | 1.0 英寸 GB 级磁盘 |

| 字　母 | 含　义 |
| --- | --- |
| E | 3.5 英寸 TB 级磁盘 |
| F | 3.5 英寸 TB 级磁盘新式命名法（4 位数字）；TB 级的磁盘（2 位数字） |
| G | 2.5 转 3.5 英寸 GB 级适配器 |
| H | 2.5 转 3.5GB 级背板适配器 |
| J | 2.5 英寸 GB 级磁盘 |
| K | 2.5 英寸 GT 级磁盘，厚度 12.5mm |
| T | 2.5 英寸 TB 级磁盘，厚度 12.5mm |

4）B：代表产品类型，含义见表 1-1-3。

表 1-1-3　产品类型对应表

| 字　母 | 含　义 |
| --- | --- |
| A | 桌面/WD Caviar |
| B | 企业/WD RE4、WD RE3、WD RE2（3 碟） |
| C | 桌面/WD Protégé |
| D | 企业/WD Raptor |
| E | 移动/WD Scorpio |
| H | 发烧/WD Raptor X |
| J | 移动/WDScorpio FFS（带自由落体感应） |
| K | 企业/WD S25 |
| L | 企业/WD VelociRaptor |
| M | 品牌/WD Branded |
| P | 移动/WD Scorpio（高级格式化） |
| U | 影音/WD AV |
| V | 影音/WD AV |
| Y | 企业/ WD RE4、WD RE3、WD RE2（4 碟） |
| Z | 桌面/WD Caviar（GPT 分区） |

5）C：代表转速与缓存，含义见表 1-1-4。

表 1-1-4　转速与缓存对应表

| 字　母 | 含　义 |
| --- | --- |
| A | 5400r/min，2MB 缓存 |
| B | 7200r/min，2MB 缓存 |
| C | 5400r/min，16MB 缓存 |
| D | 5400r/min，32MB 缓存 |
| E | 7200r/min，64MB 缓存（<2TB） |
| F | 10,000r/min，16MB 缓存 |
| G | 10,000r/min，8MB 缓存 |

续表

| 字　　母 | 含　　义 |
|---|---|
| H | 10,000r/min，32MB 缓存 |
| J | 7200r/min，8MB 缓存 |
| K | 7200r/min，16MB 缓存 |
| L | 7200r/min，32MB 缓存 |
| P | IntelliPower，EM（最大缓存由产品决定） |
| R | 5400r/min，64MB 缓存 |
| S | 7200r/min，64MB 缓存（2TB） |
| V | 5400r/min，8MB 缓存（移动产品） |
| Y | 7200r/min，EM（最大缓存由产品决定） |

6）D：代表接口和连接部件，含义见表 1-1-5。

表 1-1-5    接口和连接部件对应表

| 字　　母 | 含　　义 |
|---|---|
| A | ATA/66，40 针 IDE 连接器 |
| B | ATA/100，40 针 IDE 连接器 |
| C | ATA，33 针连接器 |
| D | SATA 1.5Gbit /s，22 针 SATA 连接器 |
| E | ATA/133，40 针 IDE 连接器 |
| F | SAS-3，29 针连接器 |
| G | SAS-6，29 针连接器 |
| X | SATA 6Gbit/s，22 针 SATA 连接器（或者 SATA 3Gbit/s，对于 RE4 来说） |
| T | SATA 3Gbit/s，22 针 SATA 连接器（移动产品） |

## 活动 2　磁盘的选购

磁盘使用时间长了会出现各种各样的问题，此时就需要更换磁盘。有时随着数据量的增长，磁盘空间越来越显得不够用，需要在合适的时候升级磁盘。然而，购买磁盘是升级磁盘的前提条件，如何选购磁盘是一件值得大家深思熟虑的事情。

选购磁盘时，首先需要知道磁盘的接口是什么类型，如果不好判断，可以带着旧磁盘或主板去买对应接口的磁盘。

**看一看**

根据活动 1 所掌握的知识，看一看图 1-1-11 所示的磁盘是什么型号，能否读取此磁盘的具体参数？

图 1-1-11　WD 磁盘及型号编码

选购磁盘的具体方法与步骤如下。

（1）查看辨别

购买 SATA 接口的磁盘时，可能一些不法商家或个人将旧一代的产品冒充为新一代产品。此时可以查看接口是否有跳线，有的话一般来说是新一代磁盘。SATA 磁盘数据线如图 1-1-12 所示。

SATA 磁盘电源线如图 1-1-13 所示。

1-1-12　SATA 磁盘数据线

图 1-1-13　SATA 磁盘电源线

结合 SATA 磁盘数据线与电源线，一个完整的磁盘连线图，如图 1-1-14 所示。

图 1-1-14　SATA 磁盘完整连线图

（2）选择大缓存容量

在传输文件时，大文件总比多个小文件传输速率高。选购硬盘时，应该购买大容量缓存磁盘，缓存越大效率越高，性能就越强，处理小文件自然不在话下。但也要关注磁盘的性价比，不要盲目选择特大容量缓存磁盘。可以通过磁盘型号在网上搜索磁盘的缓存大小及其他信息，如图 1-1-15 所示。

（3）选择单碟容量大的磁盘

单碟容量大的磁盘可以大大提高磁盘的读写速度，考虑合适的性价比，应该尽量选择单碟容量大的磁盘。

（4）选择合适的时机

计算机配件的价格总是不定期上涨或下调，在合适的时机选择一款性价比高的磁盘可以节省不少费用。某些接口类型（如 IDE）磁盘最终可能面临停产，所以想购买此类接口类型磁盘要尽早。在此提醒，对于最新磁盘不要急于购买，还要看看市场的考验，新磁盘可能价格偏高，故障、缺陷等不可避免。某品牌全新磁盘如图 1-1-16 所示。

| 品牌 | 希捷 |
|---|---|
| 型号 | ST1000DM003 |
| 接口类型 | SATA 6GB/秒 |
| 容量 | 1TB |
| 缓存 | 64M |
| 转速 | 7200转 |
| 单碟容量 | 1TB |

图 1-1-15　磁盘参数规格

图 1-1-16　全新磁盘

（5）查看商品评论

在购买所需要的磁盘时，最好事先在网上查看消费者对此款磁盘的态度如何。可以大致了解磁盘是否存在噪声、损坏等缺陷和故障，然后再决定是否购买。

（6）磁盘保修

一款产品的好坏，最直接的体现可能是售后及保修，或许一款产品最主要的价值就在保修上，所以最好购买保修期相对长的磁盘产品。需要注意的是，厂商只负责保修磁盘，对磁盘内丢失的数据不承担责任，因此，在使用过程中应该定期备份重要数据。

---

**小贴士**

### 磁盘主要指标

**容量：** 磁盘能存储的数据量大小，以字节为基本单位。

**单碟容量：** 磁盘都是由一个或几个盘片组成的，单碟容量就是指包括正反两面在内的单个盘片的总容量。

**转速：** 主轴电动机转动速度，单位为 RPM（Round Per Minute），即每分钟盘片转动圈数。

**缓存：** 磁盘控制器上的一块内存芯片，具有极快的存取速度，它是磁盘内部盘片和外部接口之间的缓冲器。

**平均访问时间：** 磁盘磁头找到目标数据所需的平均时间。

**平均寻道时间：** 磁头寻找目标数据所在磁道所需的平均时间。

**平均潜伏时间：** 当磁头移动到数据所在的磁道后，等待指定的数据扇区转动到磁头下方的时间。

**内部数据传输率：** 数据从盘片表面传输到磁盘的缓存的速率。

**外部数据传输率：** 数据从磁盘的缓存读出到外部总线的速率。

**MTBF：** Mean Time Between Failure，平均无故障时间。

 巩 固 练 习

**一、选择题**

1. 磁盘的接口类型有（　　）。

A. ATA          B. SATA          C. SCSI          D. SAS

E. FC

2. 假如你是某企业 IT 系统存储管理员，企业前期部署了基于 FC 磁盘的存储系统，因为数据容量的不断扩展，需要扩容存储系统的容量，以满足日益增加的数据存储。请选择合适的磁盘型号（　　）。

A. ST380011A          B. ST336607LC          C. ST373405FC          D. 6B250S0

**二、问答题**

1. 简述选购磁盘的方法与步骤。

2. 简述磁盘缓存的作用。

 任务 **1.2** 磁盘模块的拆装管理

◎ **任务描述**

磁盘作为存储系统中的一种重要存储硬件资源，如何将其部署到存储系统中呢？这里将提及磁盘模块、磁盘柜的概念。磁盘模块作为磁盘的母体，需要存储管理员将磁盘按照要求安装到磁盘模块，然后再将磁盘模块安装到磁盘柜，这样物理上就已经将磁盘部署到存储系统中了。

通过任务1.1的学习，大家知道磁盘是对静电、震动和温度非常敏感的器件，因此在操作磁盘模块的过程中对存储管理员提出了严谨的要求，存储管理员需要严格遵循磁盘使用注意事项，以免因人为操作不当而造成磁盘损坏。

◎ **任务目标**

1. 掌握磁盘使用注意事项。

2. 能够识别磁盘模块的规格与外观。

3. 掌握安装与拆卸磁盘模块的技能。

4. 掌握检查磁盘模块健康状态的能力。

◎ **设备环境**

1. 多块 SATA 磁盘，型号为 WD 20PURX，容量为 2TB。

2. 多块磁盘模块。

3. 一台存储系统，型号为 MacroSAN MS 2510i（宏杉科技产品）。

4. 学生实训用计算机，带有以太网卡。

5. 通过局域网实现学生实训主机与存储系统的 IP 可达。

知 识

## 知识 1　磁盘使用注意事项

磁盘移入新环境后，如果外部环境温度/储存温度低于 10℃（50℉），为避免磁盘冷凝损坏，应先将磁盘放在包装件中，并在 20℃（68℉）以上的环境中放置要求的时间，再从包装件中取出磁盘。磁盘安装要求如表 1-2-1 所示。

表 1-2-1　磁盘安装要求

| 外部环境温度/储存温度 | | 开袋前需要放置在 20℃（68℉）以上环境的时间/h | |
|---|---|---|---|
| 华氏温度/℉ | 摄氏温度/℃ | 托盘包装 | 单个包装 |
| 40 | 4.44 | 9 | 3 |
| 30 | −1.11 | 15 | 4 |
| 20 | −6.67 | 19 | 5 |
| 10 | −12.22 | 25 | 6 |
| 0 | −17.78 | 29 | 7 |
| −10 | −23.33 | 32 | 8 |
| −20 | −28.89 | 35 | 9 |
| −30 | −34.44 | 38 | 10 |

1）操作磁盘前，应清除安装环境中容易产生静电的物品，如泡沫、胶袋等。只有做好相关的准备工作后，才能拆开磁盘的密封屏蔽袋。

2）操作磁盘前，应佩戴防静电手腕，并且必须确保设备已经安全接地。

3）在操作磁盘的过程中，请将磁盘放置在水平、柔软、防静电的表面上，不要直接放置在坚硬的表面上。建议将磁盘放置在工业标准的防静电泡沫块或其他能够运输磁盘的容器中。

4）在操作磁盘的过程中，磁盘应单个水平放置，严禁堆放、叠放和斜置。

5）在操作磁盘的过程中，不要接触磁盘上裸露的电子元器件和电路。

6）在操作磁盘的过程中，注意始终轻拿轻放，严禁碰撞、翻转和跌落。

7）在操作磁盘的过程中，禁止单手操作，请保持磁盘水平并防止磁盘滑落或跌落。

8）安装磁盘时，请缓慢地插入磁盘，切勿强行插入。如果需要在已经上电的设备中安装多个磁盘，各个磁盘插入插槽的时间间隔必须大于 6s。

9）拆卸磁盘时，松开扳手锁扣并转动扳手，使磁盘和背板脱离接触，然后等待 10s 以上，确保磁盘停转后才能将磁盘拔出。拔出的过程中应用一只手拉磁盘模块的拉手，另外一只手托住磁盘模块的底部，平稳拔出磁盘。

10）搬运设备前，请将磁盘取出并放入原包装后再运输。

11）请不要破坏磁盘外观（如在标签上写字，划刻磁盘等），否则将影响设备保修。

## 知识 2　磁盘模块规格

1）3.5 英寸磁盘模块，支持 3.5 英寸磁盘，该模块同时可兼容 2.5 英寸磁盘。3.5 英寸磁盘模块可插入 SPU 或 DSU1516/DSU1616 中，有关 DSU 将在项目 3 中做详细介绍。

2）2.5 英寸磁盘模块，支持 2.5 英寸磁盘。2.5 英寸磁盘模块可插入 DSU1525 中。

3）MS2510/MS2520 系列存储设备支持的磁盘类型如表 1-2-2 所示。

表 1-2-2　磁盘模块规格

| 磁 盘 大 小 | 磁 盘 类 型 |
| --- | --- |
| 3.5 英寸磁盘 | SAS（15000r/min） |
| | SAS（7200r/min） |
| | SATA（7200r/min） |
| 2.5 英寸磁盘 | SSD |
| | SAS（10000r/min） |

**知识 3　磁盘模块外观**

（1）3.5 英寸磁盘模块前面板

3.5 英寸磁盘模块前面板如图 1-2-1 所示。

（2）2.5 英寸磁盘模块前面板

2.5 英寸磁盘模块前面板如图 1-2-2 所示。

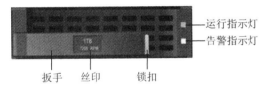

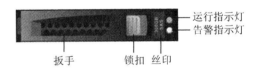

图 1-2-1　3.5 英寸磁盘模块前面板　　　　图 1-2-2　2.5 英寸磁盘模块前面板

（3）磁盘模块前面板组件说明

磁盘模块前面板组件说明如表 1-2-3 所示。

表 1-2-3　磁盘模块前面板组件说明

| 组 件 | 描 述 |
| --- | --- |
| 运行指示灯 | 用于显示磁盘模块的运行状态 |
| 告警指示灯 | 用于显示磁盘模块的告警状态 |
| 锁扣 | 用于扣紧并固定磁盘模块 |
| 丝印 | 用于显示磁盘模块的相关信息 |
| 扳手 | 用于插拔磁盘模块 |

（4）磁盘模块指示灯

磁盘模块指示灯说明如表 1-2-4 所示。

表 1-2-4 　磁盘模块指示灯说明

| 指 示 灯 | 颜 色 | 描 述 |
|---|---|---|
| 运行指示灯 | 绿色 | 熄灭：表示磁盘未上电。<br>常亮：表示磁盘已上电，未对磁盘进行读或写。<br>固定 1Hz 频率闪烁：表示正在对磁盘或磁盘所属 RAID 进行定位。<br>非固定频率闪烁：表示正在对磁盘进行读或写。<br>绿灯、黄灯均固定 2Hz 频率闪烁：表示磁盘已停转，可以执行拔盘操作 |
| 告警指示灯 | 黄色 | 熄灭：表示磁盘正常。<br>常亮：表示磁盘告警或故障。<br>固定 1Hz 频率闪烁：表示磁盘所属 RAID 正在进行重建。<br>绿灯、黄灯均固定 2Hz 频率闪烁：表示磁盘已停转，可以执行拔盘操作 |

## 知识 4 　磁盘柜与主控柜

（1）DSU

DSU（Disk Shelf Unit，磁盘柜单元）通常称为磁盘柜。一个磁盘柜中可插入磁盘柜控制器模块（EP）、磁盘模块，通过 SAS 线缆可连接主控柜（SPU）、上一级磁盘柜及下一级磁盘柜，实现存储设备的扩容。

（2）SPU

SPU（Storage Processor Unit，存储控制器单元）通常称为主控柜，可插入存储控制器模块、磁盘模块、电源模块、风扇模块、电池模块。通过存储控制器的前端业务接口连接客户端服务器，响应客户端请求；通过存储控制器的后端 SAS 接口连接磁盘柜，实现存储设备扩容。

如何架设磁盘柜，将在项目 3 中做详细描述。

## 活动 1 　安装与拆卸磁盘模块

### 1. 安装磁盘模块

安装磁盘模块前，需要仔细阅读知识中的相关内容，以避免操作不当导致磁盘损坏。

磁盘模块的安装流程如图 1-2-3 所示。虚线框中的内容表示可选安装步骤，可根据实际情况确定是否执行可选安装步骤。

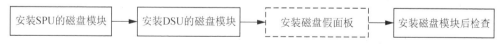

图 1-2-3 　磁盘模块的安装流程

对于空闲的磁盘槽位，请安装磁盘假面板，否则不利于设备通风散热和防尘。建议同类型的磁盘安装在邻近的磁盘槽位上。

（1）安装 SPU 的磁盘模块

操作步骤如下：

## SPU 磁盘模块类型及槽位编号

存储设备提供了两种类型的磁盘模块，即 3.5 英寸磁盘模块与 2.5 英寸磁盘模块。

SPU 磁盘槽位的编号：每台 SPU 机箱提供 16 个磁盘槽位（从左到右共有 4 列，每列有 4 个磁盘槽位），可插入 3.5 英寸磁盘模块，如图 1-2-4 所示。在挂耳上有磁盘的槽位号指示丝印，槽位号按从上到下，从左到右的顺序编号，即从左边起，第 1 列磁盘的编号从上到下是 1~4，第 2 列是 5~8，第 3 列是 9~12，第 4 列是 13~16。

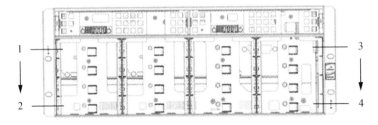

图 1-2-4　SPU 机箱磁盘槽位分布图

1—磁盘槽位 1；2—磁盘槽位 4；3—磁盘槽位 13；4—磁盘槽位 16

**01** 沿箭头方向用力按下锁扣，如图 1-2-5（a）所示，磁盘模块的扳手随之打开，如图 1-2-5（b）所示。

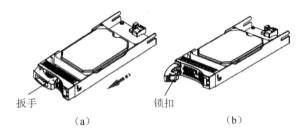

扳手　　　　　　　　　　　锁扣

（a）　　　　　　　　　　　（b）

图 1-2-5　3.5 英寸磁盘模块示意图

**02** 用手托住磁盘（不要只握扳手），对准磁盘槽位平稳地沿箭头方向插入，如图 1-2-6 所示。磁盘插入后，用双手同时对磁盘左右均匀用力，确保磁盘平稳推进。

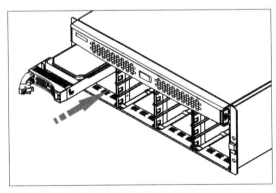

图 1-2-6　安装 3.5 英寸磁盘模块示意图

**03** 当磁盘推进到一定程度，扳手碰到槽位轨道并开始合上时，用大拇指向内用力扣压扳手，直到锁扣完全扣上，安装正确时可听到锁扣扣上的声音。

**04** 检查磁盘是否安装到位（安装完成后，磁盘模块将会和 SPU 的边缘平齐）。

**05** 重复步骤 1～步骤 4，安装剩余的磁盘模块。

（2）安装 DSU 的磁盘模块

> **小贴士**
>
> ### DSU1516/DSU1616 磁盘和 DSU1525 磁盘槽位编号
>
> DSU1516/DSU1616 磁盘槽位的编号：每台 DSU1516/DSU1616 机箱提供 16 个磁盘槽位（从左到右共有 4 列，每列有 4 个磁盘槽位），可插入 3.5 英寸磁盘模块，如图 1-2-7 所示。在挂耳上有磁盘的槽位号指示丝印，槽位号按从上到下，从左到右的顺序编号，即从左边起，第 1 列磁盘的编号从上到下是 1～4，第 2 列是 5～8，第 3 列是 9～12，第 4 列是 13～16。
>
> DSU1516/DSU1616 的磁盘模块安装步骤同 SPU 的磁盘模块安装步骤，具体步骤请参见安装 SPU 磁盘模块的操作步骤。
>
>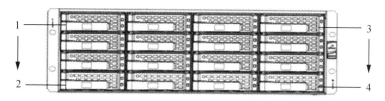
>
> 图 1-2-7　DSU1516/DSU1616 磁盘槽位编号示意图
>
> 1—磁盘槽位 1；2—磁盘槽位 4；3—磁盘槽位 13；4—磁盘槽位 16
>
> DSU1525 磁盘槽位的编号：每台 DSU1525 机箱提供 25 个磁盘槽位（从左到右共有 5 列，每列有 5 个磁盘槽位），可插入 2.5 英寸磁盘模块，如图 1-2-8 所示。在挂耳上有磁盘的槽位号指示丝印，槽位号按从上到下，从左到右的顺序编号，即从左边起，第 1 列磁盘的编号从上到下是 1～5，第 2 列是 6～10，第 3 列是 11～15，第 4 列是 16～20，第 5 列是 21～25。
>
>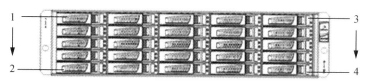
>
> 图 1-2-8　DSU1525 磁盘槽位编号示意图
>
> 1—磁盘槽位 1；2—磁盘槽位 5；3—磁盘槽位 21；4—磁盘槽位 25

安装 DSU1525 磁盘模块的操作步骤如下：

**01** 沿箭头方向用力按下锁扣，如图 1-2-9（a）所示，磁盘模块的扳手随之打开，如图 1-2-9（b）所示。

**02** 用手托住磁盘（不要只握扳手），对准 DSU 机箱中相应的磁盘槽位平稳地插入，如图 1-2-10 所示。磁盘插入后，用双手同时对磁盘左右均匀用力，确保磁盘平稳推进。

**03** 当磁盘推进到一定程度，扳手碰到插槽轨道并开始合上时，用大拇指向内用力扣压扳手，直到锁扣完全扣上，安装正确时可听到锁扣扣上的声音。

**04** 检查磁盘是否安装到位（安装完成后，磁盘模块将会和 DSU 的边缘平齐）。

**05** 重复步骤 1～步骤 4，安装剩余的磁盘模块。

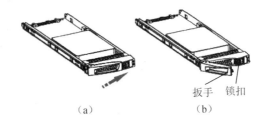

（a） （b）

图 1-2-9 2.5 英寸磁盘模块示意图

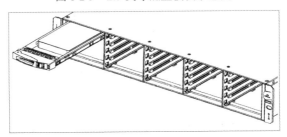

图 1-2-10 安装 2.5 英寸磁盘模块示意图

（3）安装磁盘假面板

**01** 用手托住磁盘假面板，对准机箱中相应的磁盘槽位平稳地插入，如图 1-2-11 所示。

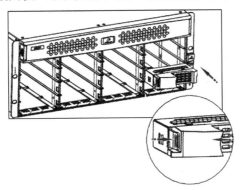

图 1-2-11 安装磁盘假面板示意图

**02** 磁盘假面板插入后，同时对磁盘假面板左右均匀用力，确保平稳推进直到锁扣完全扣上，安装正确时可听到锁扣扣上的声音。

**03** 检查磁盘假面板是否安装到位（安装完成后，磁盘假面板将会和 SPU 或 DSU 的边缘平齐）。

**04** 重复步骤 1～步骤 3，安装剩余的磁盘假面板。

（4）安装磁盘模块后检查

完成磁盘模块安装后，请按照表 1-2-5 中的项目进行检查，要求所列项目检查结果均为"是"。

表 1-2-5　安装磁盘模块后检查表

| 检 查 要 素 | | 检 查 结 果 | | 备 注 |
|---|---|---|---|---|
| 编号 | 项　目 | 是 | 否 | |
| 1 | 所有磁盘模块安装是否到位并紧固、接触良好 | | | |
| 2 | 空闲磁盘槽位上是否已经安装磁盘假面板 | | | |

### 2. 拆卸磁盘模块

如果需要拆卸磁盘，建议登录存储设备管理界面，执行安全拔盘操作，等磁盘停转之后再拔出磁盘，以避免磁盘突然下电划伤盘面。如果不能登录存储设备管理界面，在磁盘拔出过程中，磁盘断电后，请等待 10s 以上再平稳拔出磁盘，以免磁盘拔出过程中磁盘划伤盘面，导致磁盘产生坏扇区。

若取出磁盘模块的插槽上暂时不再安装其他的磁盘模块，则需要安装磁盘假面板，以保证机箱的正常通风散热，避免灰尘。

1）3.5 英寸磁盘模块的安装/拆卸示意图如图 1-2-12 所示。

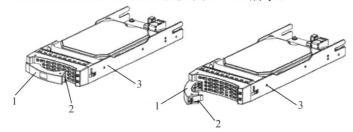

图 1-2-12　3.5 英寸磁盘模块安装/拆卸示意图
1—扳手；2—锁扣；3—磁盘模块托架

2）2.5 英寸磁盘模块的安装/拆卸示意图如图 1-2-13 所示。

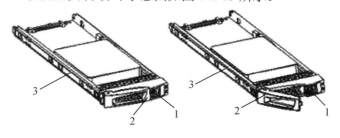

图 1-2-13　2.5 英寸磁盘模块安装/拆卸示意图
1—扳手；2—锁扣；3—磁盘模块托架

请佩戴防静电手腕，确认需要更换的磁盘位置后，用力按下锁扣，磁盘拉手随之打开。等待 10s 后，确保磁盘电动机已经停转，然后用手托住磁盘（不要只握拉手）把磁盘拔出。

## 活动2　在存储系统中管理磁盘模块

第 1 步　登录存储系统管理界面

**01** 搭建管理网络，使得管理计算机可以直连或通过以太网交换机连接存储设备的管理网口，必须保证管理计算机和存储设备的网络畅通。

**02** 在管理计算机上打开 Web 浏览器，在地址栏中输入 ODSP 存储设备管理网口的 IP 地址，如 http://172.16.251.142/，并刷新界面，如图 1-2-14 所示。

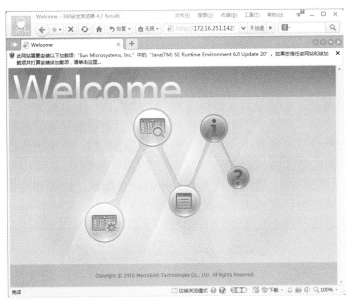

图 1-2-14 浏览器界面

**03** 按照系统提示，右击页面上方"请单击这里"区域，选择安装加载项，如图 1-2-15 所示。

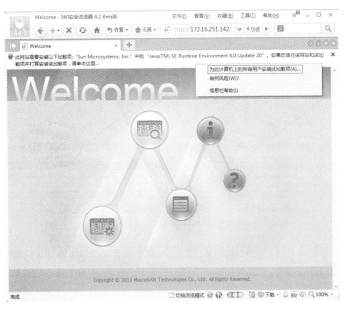

图 1-2-15 安装加载项界面

**04** 系统将自动运行 JRE6.0 安装向导，如图 1-2-16 所示，单击"安装"按钮根据向导逐步完成 JRE6.0 的安装。

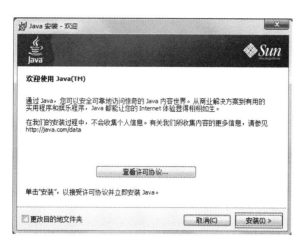

图 1-2-16　安装 Java 软件界面

**05**　在管理计算机上打开 Web 浏览器，在地址栏中输入 ODSP 存储设备管理网口的 IP 地址，如 http://172.16.251.142/，并刷新界面，将自动下载 ODSP Scope 程序，如图 1-2-17 所示。

图 1-2-17　下载 ODSP Scope 界面

**06**　下载完成后，系统自动运行 ODSP Scope，进入设备管理界面，如图 1-2-18 所示。

图 1-2-18　ODSP Scope 设备管理界面

第 2 步　在存储系统中登录存储设备

**01**　在存储系统中添加存储设备。在设备树上选择"ODSP 存储设备"节点，在工具栏上单击"添加设备"按钮，打开"添加存储设备"对话框，如图 1-2-19 所示，输入 ODSP 存储设备管理网口的 IP 地址、用户名和密码，默认为 admin 和 admin，单击"确定"按钮，将自动添加并登录设备。添加设备成功后，新添加的设备节点将显示在设备树中。

图 1-2-19　"添加存储设备"对话框

**02**　登录存储设备。在设备树上选择需要登录的设备节点，在工具栏上单击"登录"按钮，打开"用户登录"对话框，如图 1-2-20 所示，输入用户名和密码，默认为 admin 和 admin，单击"确定"按钮登录设备。

图 1-2-20　"用户登录"对话框

**03**　查看设备信息。在设备树上选择设备节点，在信息显示区的"基本属性"标签页中可查看该设备的详细信息，如图 1-2-21 所示。

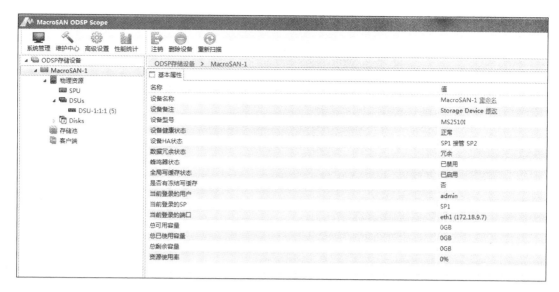

图 1-2-21 查看设备信息

**第 3 步** 在登录设备中管理磁盘

（1）磁盘基本状态

存储设备上电后的磁盘状态直观体现如图 1-2-22 所示，当前设备加载了 5 块磁盘，部署在第 1～第 5 磁盘模块槽位中，磁盘的状态指示灯显示为绿色，表示当前运行正常。

图 1-2-22 存储设备中的磁盘直观图

（2）磁盘命名

存储系统中磁盘命名格式是 Disk-a:b:c:d，其中 a、b、c、d 为十进制数，具体规则是 a、b、c 表示对应的 DSU 编号。d 表示磁盘槽位号，在 DSU 的前部，磁盘槽位从上到下，从左到右，从 1 开始顺序编号，即最左边一列磁盘从上到下依次为 1～4，最右边一列磁盘从上到下依次为 13～16。

（3）查看磁盘信息

深入了解磁盘具体信息。选择"物理资源"→"Disks"，右侧视图中显示磁盘-角色统计图，如图 1-2-23 所示。通过该统计图，我们可以看到未使用和已使用的磁盘数目。

还可查看磁盘-健康状态统计图、磁盘-类型统计图、磁盘-容量统计图，如图 1-2-24～图 1-2-26 所示。

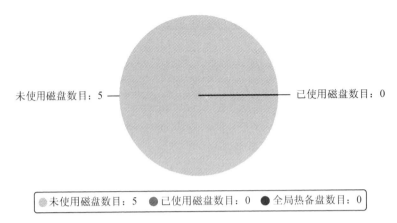

未使用磁盘数目：5

已使用磁盘数目：0

● 未使用磁盘数目：5　● 已使用磁盘数目：0　● 全局热备盘数目：0

图 1-2-23　磁盘-角色统计图

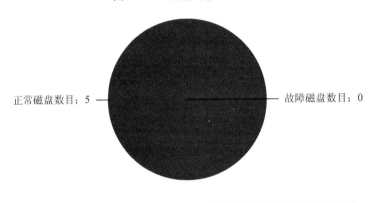

正常磁盘数目：5

故障磁盘数目：0

● 故障磁盘数目：0　● 告警磁盘数目：0　● 正常磁盘数目：5

图 1-2-24　磁盘-健康状态统计图

SATA磁盘数目：5

● SATA磁盘数目：5

图 1-2-25　磁盘-类型统计图

SATA磁盘容量：9310GB

SATA磁盘容量：9310GB

图 1-2-26　磁盘-容量统计图

这些图提供了诸如磁盘健康状态、磁盘类型、容量等具体信息，以便我们更直观地将磁盘资源部署在存储系统中，也给我们使用和维护磁盘资源带来了方便。

（4）磁盘基本属性

只要我们在存储设备中的磁盘直观图中具体单击单块磁盘，那么该磁盘的基本属性就一目了然地展现在我们面前。在基本属性中，我们可以了解到该磁盘的名称、接口类型、转速、尺寸、容量、厂商、型号、版本、序列号、角色、所属存储池、所属 RAID、当前状态、读写缓存以及定位状态等信息，如图 1-2-27 所示。

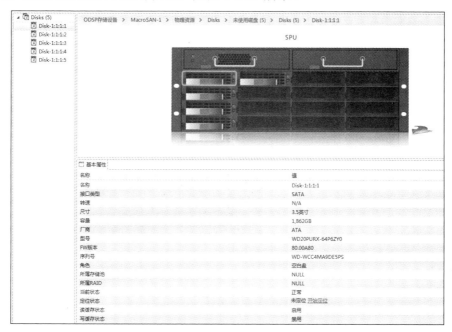

图 1-2-27　磁盘基本属性

（5）磁盘定位

正如我们在 GPS 地图中需要定位某个目的地，这样才可以快速、准确地到达该目的地。同样，当存储系统部署了太多的磁盘资源之后，我们需要确定某一个具体的磁盘在哪一个具体的磁盘模块槽位；或者当某一个磁盘出现故障时，如何来快速找到该故障磁盘，以便迅速处理存储问题。

　　磁盘定位功能可以协助我们更好地开展存储系统扩容、排错等相关工作。在图 1-2-27 所示的磁盘基本属性中找到"定位状态"一栏，发现有一个"开始定位"按钮，单击该按钮开始定位，此刻磁盘定位功能已经打开，被定位到的磁盘指示灯出现绿色闪亮状态。如需停止定位，单击"停止定位"按钮，如图 1-2-28 所示。

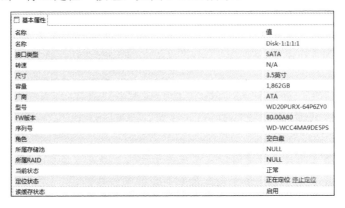

图 1-2-28　磁盘定位

（6）安全拔盘

　　假设当我们通过磁盘定位到某一块磁盘模块，需要将该磁盘模块拆卸时，又如我们发现某一个磁盘模块工作不正常，需要将其更换时，我们可以通过安全拔盘功能将磁盘模块从存储设备中平稳、安全地移除，如图 1-2-29 所示。例如，需要将第三槽位的磁盘模块拆卸，则单击"安全拔盘"按钮，弹出如图 1-2-30 所示的"确认"对话框，单击"确定"按钮，弹出"提示"对话框，如图 1-2-31 所示，等待 30s 后安全拔盘。

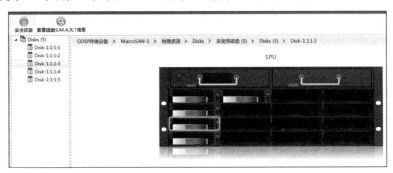

图 1-2-29　安全拔盘

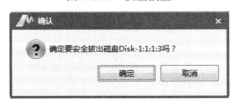

图 1-2-30　确定安全拔盘

图 1-2-31　磁盘下电提示

磁盘下电后，第三槽位的磁盘模块已经显示为空，如图 1-2-32 所示。此时我们就可以按照安装与拆卸磁盘模块的流程进行磁盘模块的硬件拆卸。同样，如果需要对多块磁盘模块进行拆卸时，可以执行批量安全拔盘的操作，单击"批量安全拔盘"按钮。

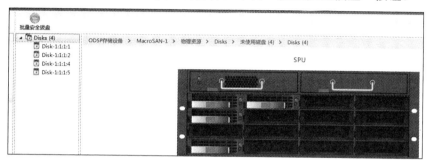

图 1-2-32　拔盘后的磁盘直观图

## 一、选择题

1．安装磁盘模块的流程为（　　　）。

①安装 SPU 的磁盘模块；②安装 DSU 的磁盘模块；③安装磁盘假面板；④安装磁盘模块后检查

A．①→②→③→④　　　　　　　　　　B．④→③→②→①

C．①→②→④→③　　　　　　　　　　D．③→④→②→①

2．假如你是某企业 IT 系统存储管理员，在存储系统的例行维护中突然听到磁盘模块告警声，以下不妥当的操作是（　　　）。

A．将磁盘模块直接从存储设备中拔出

B．在存储系统中先进行磁盘模块定位

C．在存储系统中进行安全拔盘操作

D．在安全拔盘操作后，立刻进行拔盘

E．在安全拔盘操作后，等待 30s，将故障磁盘模块拆卸

## 二、问答题

1．如何在存储系统对磁盘模块进行定位？磁盘定位有何意义？

2．如何查看存储设备——磁盘的健康状态、磁盘容量及使用率？

# 2

## 项目

# 磁盘分区与维护

>>>>

◎ **项目导读**

经过计算后的数据主要存储设备是磁盘,但是磁盘不能直接使用,在经过存储系统处理后输送给用户使用时,需要对磁盘进行分割,分割成的一块一块的磁盘区域就是磁盘分区。在传统的磁盘管理中,将一个磁盘分为两大类分区:主分区和扩展分区。主分区是能够安装操作系统,能够进行计算机启动的分区,这样的分区可以直接格式化,然后安装系统,直接存放数据。

磁盘在计算机系统中承担一个比较特殊而又十分重要的角色,它不仅关系到系统的整体性能,而且用户端的数据都保存在其中。因为数据的价值无法衡量,可想而知,存储了具有价值的数据的磁盘对于用户来说也将是无价之宝。

那么,磁盘该如何初始化呢?遇到磁盘故障时又该如何解决呢?这也正是存储管理员所要关注的重要问题。

◎ **能力目标**

- 理解磁盘分区基础、分区格式、文件系统的概念。
- 掌握磁盘容量的计算方法。
- 掌握磁盘分区方法,形成磁盘分区与规划能力。
- 掌握磁盘常规维护方法,形成快速判断和解决磁盘问题的能力。
- 理解数据备份的重要性,掌握数据备份的基本方法。

## 任务 2.1　磁　盘　分　区

◎ **任务描述**

　　文件系统是操作系统用于明确磁盘或分区上的文件的方法和数据结构，即在磁盘上组织文件的方法，也指用于存储文件的磁盘或分区，或文件系统种类。因此，可以说"我有两个文件系统"的意思是有两个分区，一个存文件，另一个做他用。"扩展文件系统"的意思是扩展文件系统的种类。

　　对于存储管理员来说，对磁盘或分区和它所包括的文件系统进行前期的调研与规划非常重要，本任务重点放在对文件系统与磁盘分区的理解与认知上，并在此基础上对磁盘分区、分区格式及分区方法进行一系列的实训拓展。

◎ **任务目标**

　　1. 理解磁盘分区、分区格式、文件系统的概念。
　　2. 掌握磁盘分区方法，形成磁盘分区规划能力。

◎ **设备环境**

　　1. 多块 SATA 磁盘，型号为 WD 20PURX，容量为 2TB。
　　2. 多块磁盘模块。
　　3. 学生实训用计算机操作系统为 Windows 7，带有以太网卡。
　　4. 安装 Oracle VM VirtualBox 虚拟机软件，新建虚拟机 Windows Server 2008 中文完整版。
　　5. 通过局域网实现学生实训主机与存储系统的 IP 可达。

### 知识 1　磁盘分区基础

　　MBR（主引导记录）下的磁盘分区有三种，即主分区、扩展分区、逻辑分区。一个磁盘主分区至少有 1 个，最多 4 个，扩展分区可以没有，最多可以有 1 个，且主分区+扩展分区总共不能超过 4 个，逻辑分区可以有若干个。

　　在 Windows 下激活的主分区是磁盘的启动分区，它是独立的，也是磁盘的第一个分区，一般情况下就是 C 区。在 Linux 下，主分区和逻辑分区都可以用来放系统，引导系统开机，grub 会兼容 Windows 系统开机启动。

　　1. 主分区、扩展分区、逻辑分区

　　主分区是包含操作系统启动所必需的文件和数据的磁盘分区，要在磁盘上安装操作系统，则该磁盘必须有一个主分区。扩展分区是除主分区外的分区，但它不能直接使用，必须再将其划分为若干个逻辑分区才行。

分出主分区后，其余的部分可以分成扩展分区，也可以不全分，那剩的部分就浪费了。扩展分区是不能直接用的，它是以逻辑分区的方式来使用的，所以说扩展分区可分成若干逻辑分区。它们的关系是包含的关系，所有的逻辑分区都是扩展分区的一部分。逻辑分区也就是平常在操作系统中所看到的 D、E、F 等盘符。

在 Linux 中，第一块磁盘分区为 hda 分区，主分区编号为 hda1～hda4，逻辑分区的编号从 5 开始。

磁盘的容量=主分区的容量+扩展分区的容量
扩展分区的容量=各个逻辑分区的容量之和

主分区也可成为"引导分区"，会被操作系统和主板认定为这个磁盘的第一个分区。所以 C 盘永远都排在所有磁盘分区的第一的位置上。

2. 文件系统与分区格式

文件系统是操作系统最为重要的一部分，它定义了磁盘上存储文件的方法和数据结构。文件系统是操作系统组织、存取和保存信息的重要手段，每种操作系统都有自己的文件系统，例如，Windows 所使用的文件系统主要有 FAT16、FAT32，Linux 所用的文件系统主要有 ext2、ext3 和 ReiserFS 等。因此 Windows 和 Linux 的磁盘分区方案也就不一样。本任务将以 Windows 的分区方案为重点。下面分别介绍以下几种分区格式。

（1）FAT16

FAT16 是 MS-DOS 和最早期的 Windows95 操作系统中最常见的磁盘分区格式。它采用 16 位的文件分配表，单个分区的最大容量只能为 2GB。FAT16 分区格式的最大缺点是磁盘利用效率低。因为在 DOS 和 Windows 系统中，磁盘文件的分配是以簇为单位的，一个簇只分配给一个文件使用，而不管这个文件占用整个簇容量的多少。这样，即使一个很小的文件，也要占用一个簇，剩余的空间便全部闲置，造成了磁盘空间的浪费。由于分区表容量的限制，FAT16 支持的分区越大，磁盘上每个簇的容量也越大，造成的浪费也就越大。所以为了解决这个问题，微软公司在后续的 Windows 中推出了一种全新的磁盘分区格式 FAT32。

（2）FAT32

FAT32 磁盘分区格式采用 32 位的文件分配表，使其对磁盘的管理能力大大增强，突破了 FAT16 对每一个分区的容量只有 2GB 的限制。由于磁盘生产成本下降，其容量越来越大，运用 FAT32 的分区格式后，我们可以将一个大磁盘定义成一个分区而不必分为几个分区使用，大大方便了对磁盘的管理。FAT32 的最大优点是在一个不超过 8GB 的分区中，FAT32 分区格式的每个簇容量都固定为 4KB，与 FAT16 相比，可以大大减少磁盘的浪费，提高磁盘利用率。

（3）NTFS

NTFS 的优点是安全性和稳定性极其出色，在使用中不易产生文件碎片。它能对用户的操作进行记录，通过对用户权限进行非常严格的限制，使每个用户只能按照系统赋予的权限进行操作，充分保护了系统与数据的安全。支持这种分区格式的操作系统已经很多，从 Windows NT 和 Windows Sever 2000/2003/2008/2008R2 直至 Windows Vista、Windows 7

和 Windows 8。

（4）ext2、ext3

ext2、ext3 是 Linux 操作系统适用的磁盘格式，Linux ext2/ext3 文件系统使用索引节点来记录文件信息，作用类似 Windows 的文件分配表。索引节点是一个结构，它包含了一个文件的长度、创建及修改时间、权限、所属关系、磁盘中的位置等信息。

Linux 默认情况下使用的文件系统为 ext2，ext2 文件系统的确高效稳定。但是，随着 Linux 系统在关键业务中的应用，Linux 文件系统的弱点也渐渐显露了出来。其中系统默认使用的 ext2 文件系统是非日志文件系统。这在关键行业的应用是一个致命的弱点。

ext3 文件系统直接从 ext2 文件系统发展而来，已经非常稳定可靠。它完全兼容 ext2 文件系统。用户可以平滑地过渡到一个日志功能健全的文件系统中来。这实际上也是 ext3 日志文件系统设计的初衷。

（5）FAT32 转 NTFS

在"运行"对话框中输入"CMD"，打开命令提示符窗口，输入"CONVERT F:/FS:NTFS"，其中"F:"是分区盘符（要跟冒号），"/FS:NTFS"是把指定分区转换为 NTFS 格式。

## 知识 2　磁盘分区方法与规划

我们可以借助一些软件，例如，Acronis Disk Director Suite、PQMagic、DM、FDisk 等来实现分区，也可以使用由操作系统提供的磁盘管理平台来进行。在 Windows 操作系统中，我们还可以使用 diskpart 通过指令调整磁盘分区参数。

当从存储系统中取到磁盘资源后，如何对磁盘资源进行分区规划才能有效利用好珍贵的磁盘资源，尽可能做到物尽所用呢？什么是合理的分区规划呢？

一个磁盘有四个主分区，其中扩展分区也算一个主分区；在磁盘的分区规划中通常会存在以下几种情况。

（1）分区结构之一：四个主分区，没有扩展分区

［主｜分区 1］［主｜分区 2］［主｜分区 3］［主｜分区 4］

分析一下这种情况，会发现已经把磁盘四个主分区用完，假如想在磁盘上扩展几个分区以便合理使用磁盘资源，这种情况是行不通的。

（2）分区结构之二：三个主分区，一个扩展分区

［主｜分区 1］［主｜分区 2］［主｜分区 3］［扩展分区］
［逻辑｜分区 5］［逻辑｜分区 6］［逻辑｜分区 7］……

分析这种情况，分区的自由度比较大；分区也不受约束，能分超过五个分区。

（3）最合理的的分区结构

最合理的分区结构应该是主分区在前，扩展分区在后，然后在扩展分区中划分逻辑分区；主分区的个数和扩展分区个数要控制在四个之内。例如，下面的分区结构是比较好的。

① ［主｜分区 1］［主｜分区 2］［主｜分区 3］［扩展分区］
　　［逻辑｜分区 5］［逻辑｜分区 6］［逻辑｜分区 7］……
② ［主｜分区 1］［主｜分区 2］［扩展分区］
　　［逻辑｜分区 5］［逻辑｜分区 6］［逻辑｜分区 7］……

③ [主|分区 1] [扩展分区]

   [逻辑|分区 5] [逻辑|分区 6] [逻辑|分区 7]……

（4）最不合理的分区结构

最不合理的分区结构是主分区包围扩展分区，例如，下面的分区结构：

   [主|分区 1] [主|分区 2] [扩展分区] [主|分区 4] [空白未分区空间]

   [逻辑|分区 5] [逻辑|分区 6] [逻辑|分区 7]……

这样[主|分区 2]和[主|分区 4]之间的[扩展分区]是有自由度的，但[主|分区 4]后的[空白未分区空间]怎么办？除非[主|分区 4]完全利用[扩展分区]后的空间，否则想在[主|分区 4]后再划一个分区是不可能的，划分逻辑分区更不可能。虽然类似此种办法也符合一个磁盘四个主分区的标准，但这样主分区包围扩展分区的分区方法不可取。

 ◀◀◀ **实 训**

**活动 1　查看磁盘容量**

那么如何查看分区的大小呢？以 Windows 7 系统为例说明。

**01** 在系统桌面上右击"计算机"图标，选择"管理"命令，打开"计算机管理"窗口。

**02** 在打开的"计算机管理"窗口中选择"存储"→"磁盘管理"，在右侧窗格中右击"新加卷（D:）"，选择"属性"命令，弹出如图 2-1-1 所示的属性对话框。

**03** 在"新加卷（D:）属性"对话框中，可详细查看该分区的容量、可用空间和已用空间等信息，还可以更改卷的名称。

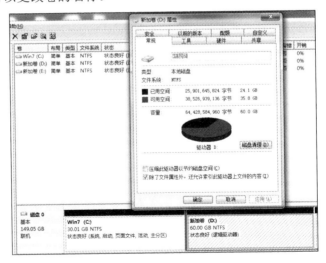

图 2-1-1　查看分区大小

**活动 2　磁盘分区实战**

本活动要求安装 Oracle VM VirtualBox 虚拟机软件，新建虚拟机 Windows Server 2008（中文完整版）。以 Windows Server 2008 的安装过程为例，完成磁盘分区。

**01** 在 Windows Server 2008 的安装过程中读取到磁盘 0 的未分配空间为 25.0GB，如图 2-1-2 所示。

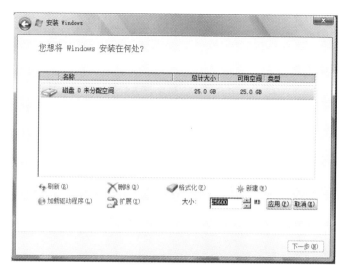

图 2-1-2  磁盘 0 未分配空间

**02** 新建主分区 10GB，用于安装 Windows Server 2008 操作系统，如图 2-1-3 所示。

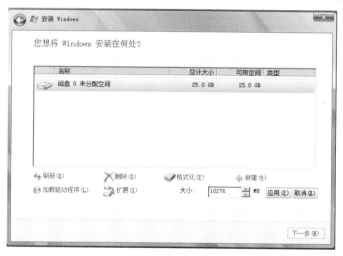

图 2-1-3  新建主分区

新建主分区之后，磁盘 0 的容量分配如图 2-1-4 所示，显示未分配空间为 15GB，此时单击"下一步"按钮，Windows Server 2008 操作系统将安装在磁盘 0 分区 1 上，安装后的磁盘驱动器盘符为"C:"。

**03** 进入 Windows Server 2008 操作系统的服务管理器，单击"磁盘管理"按钮，磁盘 0 的图形化分区界面展示在我们面前，主分区"C:"盘的容量为 10GB，文件系统格式为 NTFS，状态良好。未分配磁盘容量为 15GB，等待我们将未分配磁盘容量进行分区处理，如图 2-1-5 所示。

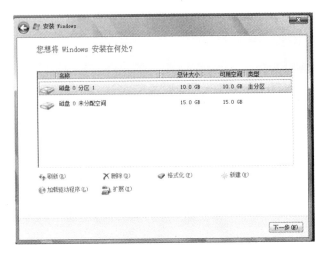

图 2-1-4　磁盘 0 的分区容量分配

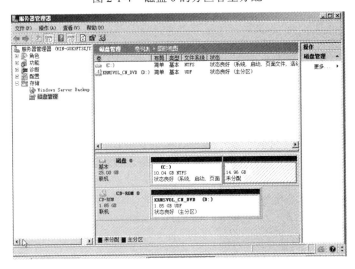

图 2-1-5　未分配空间磁盘管理界面

**04** 右击"未分配空间",在弹出快捷菜单中选择"新建简单卷向导"命令,显示最大磁盘空间量为 15GB,在"简单卷大小"文本框中输入 5124MB,新建一个 5GB 空间的简单卷,如图 2-1-6 所示。此时的 5124MB 是怎样得出的?

---

**小贴士**

因十进制和二进制的区别,在为磁盘分区时,分区大小往往不是我们想要的一个整数。例如,想把 C 盘分为 10GB,于是分区时填入大小为 10240MB。但是分区完毕,显示却是 9.××GB。那么这是什么原因呢?

原因在于计算公式有问题,我们不能简单地按 1024MB=1GB 来设置。正确的计算公式是（N-1）×4+1024×N。公式中 N 为想要的大小,单位为 GB。最终计算结果单位为 MB。例如,想要分出 2GB 的分区,则计算公式为（2-1）×4+1024×2=2052MB。这样就可以做出一个整数大小的分区了。

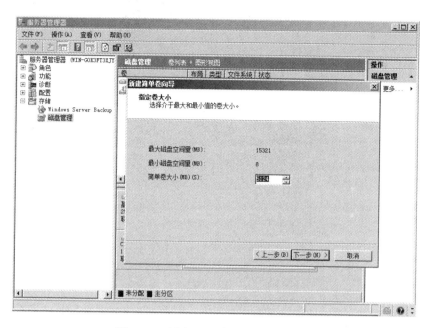

图 2-1-6　新建 5GB 容量的简单卷界面

**05** 新建一个 5GB 空间的简单卷之后，重新检查一下磁盘管理界面，则出现一个新加卷，容量为 5GB，显示剩余空间为 10GB，如图 2-1-7 所示。

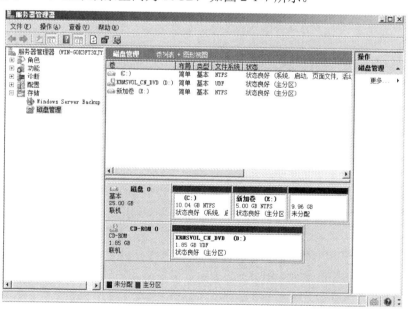

图 2-1-7　新建卷（E:）磁盘管理界面

**06** 右击"未分配空间"，重复步骤 04 的操作，再创建一个容量为 5GB 的新加卷，如图 2-1-8 所示。

相同的步骤，再创建一个 2GB 的卷，如图 2-1-9 所示。

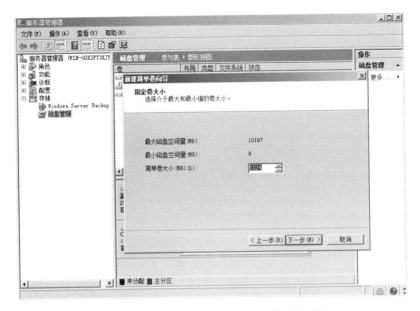

图 2-1-8　新建另一个 5GB 容量的简单卷界面

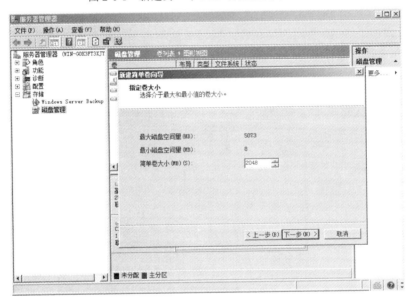

图 2-1-9　新建一个 2GB 容量的简单卷界面

最后，未分配的空间全部归于最后一个新加卷，以便充分利用磁盘资源，如图 2-1-10 所示。

**07** 完成所有磁盘分区操作之后，我们最后来检查一下磁盘管理界面，如图 2-1-11 所示，可以看到已完成了"磁盘 0"25GB 容量的分区工作，此刻就可将数据保存在已经分好区的磁盘驱动器内。

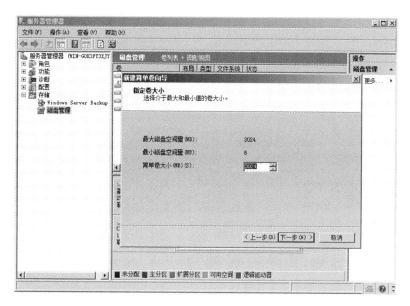

图 2-1-10　将未分配的空间归于最后一个简单卷界面

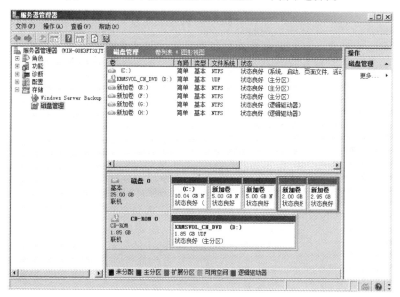

图 2-1-11　磁盘管理最终界面

巩 固 练 习

## 一、选择题

1. 以下分区机构合理的是（　　　）。

A. [主|分区 1][主|分区 2][主|分区 3][主|分区 4]

B. [主|分区 1][主|分区 2][主|分区 3][扩展分区]
　[逻辑|分区 5][逻辑|分区 6][逻辑|分区 7] ……

C.　[主|分区 1][扩展分区]

　　[逻辑|分区 5][逻辑|分区 6][逻辑|分区 7] ……

D.　[主|分区 1][主|分区 2][扩展分区][主|分区 4][空白未分区空间]

　　[逻辑|分区 5][逻辑|分区 6][逻辑|分区 7] ……

2.　假如你是某企业 IT 系统存储管理员，需要将服务器的 D 盘分为 8GB，你在分区时应该设置的大小为（　　　）。

A.　8000MB　　　　　B.　8192MB　　　　　C.　8220MB　　　　　D.　7980MB

二、问答题

1.　如何计算磁盘的容量？

2.　假设你有一个 100GB 容量的磁盘资源，请思考如何合理地规划分区。

 磁盘维护与管理

◎ 任务描述

　　大容量磁盘存储海量数据的同时，也存在着安全隐患。如果磁盘出现问题，那么所有的数据就会有丢失的危险，磁盘承载的数据量越大，就意味着损失越大，数据恢复的费用是远远超过磁盘本身的价值的。对于普通用户来说，数据似乎没有什么商业价值，但是这并不等于说普通用户的数据就不重复，例如，某用户多年来珍藏的照片、电影片段和一些个人资料（日记等）一旦丢失，虽然看似没有什么直接的经济损失，但是这些资料对于该用户来说可能是非常珍贵的。

　　另外，磁盘出现问题也会在一定的时间内让系统瘫痪，造成的麻烦也不可忽视。计算机的系统故障有超过 20% 是由磁盘引起的，毕竟现在我们用的磁盘绝大多数是机械磁盘，所以日常的保养与维护工作的意义就比较大了，正确的使用与维护不但可以增加磁盘的使用寿命，而且能免除因数据丢失而带来的烦恼甚至经济损失。

◎ 任务目标

　　1.　掌握磁盘损坏的常见故障分析方法。

　　2.　掌握日常磁盘维护的基本方法。

　　3.　掌握一些数据的恢复方法与技巧。

　　4.　养成存储系统磁盘资源维护与数据备份的习惯。

◎ 设备环境

　　1.　多块 SATA 磁盘，型号为 WD 20PURX，容量为 2TB。

　　2.　多块磁盘模块。

　　3.　学生实训用计算机操作系统为 Windows 7，带有以太网卡。

　　4.　安装 Oracle VM VirtualBox 虚拟机软件，新建虚拟机 Windows Server 2008（中文完整版）。

　　5.　通过局域网实现学生实训主机与存储系统的 IP 可达。

知识 1　磁盘常见故障

　　磁盘的常见故障大多是引导型故障，如磁盘不能启动等。出现引导型故障时，系统会有很多错误提示，读懂这些提示，对于解决磁盘问题也是非常有帮助的。

　　**错误提示**：HDD controller failure。

　　**错误解释**：磁盘驱动器控制失败。

　　**错误原因**：这是启动机器时，由 POST 程序（BIOS 中的自动检测程序）向驱动器发出寻道命令后，驱动器在规定时间内没有完成操作而产生的超时错误。出现这种错误，原因有可能是磁盘已损坏。

　　**错误提示**：HDC controller fail。

　　**错误解释**：磁盘控制器控制失败。

　　**错误原因**：这类故障是硬件故障，POST 程序向控制器发出复位命令后，在规定的时间内没有得到控制器的中断响应，可能是控制器损坏或电缆没接好，另外，控制器控制失败与磁盘参数设置是否正确也有关系。

　　**错误提示**：Non-system disk or disk error replace and press any key when ready。

　　**错误解释**：非系统盘或磁盘错误，重新换盘后按任意键。

　　**错误原因**：DOS BOOT 区中的引导程序执行后发现错误，报此信息。其可能的原因有磁盘根目录区第一扇区地址出界（在 540MB 之后）、读盘出错。这类故障大多为软件故障，如果 BPB 表损坏，即用软盘启动后，磁盘不能正常读写，可以用 NDD 修复；如果 BPB 表完好，只需简单 SYS C：传送系统就可引导。

　　**错误提示**：Invalid Partition Table。

　　**错误解释**：无效的分区表。

　　**错误原因**：在找到激活分区后，主引导程序还将判断余下的三个表项的"分区引导标志"字节（首字节）是否均为 0，即确认是否只有唯一的激活分区，如果有一个不为 0，系统就报错并死机，这在使用一些第三方分区软件做了几个激活分区后很容易出现。

　　**错误提示**：DRIVE NOT READY ERROR Insert Boot Diskette in A：Press any key when ready。

　　**错误解释**：设备未准备好，插入引导盘到 A 驱，准备好后按任意键。

　　**错误原因**：这是由于由磁盘引导系统，就要通过 BIOS 中 INT 19H 固定读取磁盘 0 面 0 道 1 扇区，寻找主引导程序和分区表。INT 19H 读取主引导扇区的失败原因如下：

　　① 磁盘读电路故障，使读操作失败，属硬件故障。

　　② 0 面 0 道磁道格式和扇区 ID 逻辑或物理损坏，找不到指定的扇区。

　　③ 读盘没有出错，但读出的 MBR 尾标不为 55AA，系统认为 MBR 不正确，这是软故障。

　　**错误提示**：C:drive failure RUN SETUP UTILITY Press to Resume。

　　**错误解释**：磁盘 C 驱动失败，运行设置功能，按键重新开始。

　　**错误原因**：这种故障一般是因为磁盘的类型设置参数与格式化时所用的参数不符。由于 IDE 磁盘的设置参数是逻辑参数，因此这种情况多数由软盘启动后，C 盘也能够正常读写，只是不能启动。

## 知识2　磁盘出现坏道的征兆

磁盘坏道分为逻辑坏道和物理坏道两种，前者为软坏道，通常是由软件操作或使用不当造成的，可用软件修复。后者为真正的物理性坏道，它表明磁盘磁道上产生了物理损伤，只能通过更改磁盘分区或扇区的使用情况来解决。出现下列情况表明磁盘可能有坏道了。

1）在打开、运行或复制某个文件时，磁盘出现操作速度变慢，且有可能长时间操作不成功或表现为长时间死"啃"某一区域或同时出现磁盘读盘异响，或 Windows 系统提示"无法读取或写入该文件"，这些都可表明磁盘某部分出现了坏道。

2）每次开机时，Scandisk 磁盘程序自动运行，表明磁盘上有需要修复的重要错误，如坏道。运行该程序时如不能顺利通过，表明磁盘肯定有坏道。当然，扫描虽然也可通过，但出现红色的"B"标记，表明其也有坏道。

3）电脑启动时磁盘无法引导，用引导盘启动后可看见磁盘盘符，但无法对分区进行操作、操作有误或看不见盘符，都表明磁盘上可能出现了坏道。

具体表现如开机自检过程中，屏幕提示"Hard disk drive failure"、"Hard drive controller failure"或类似信息，则可以判断为磁盘驱动器或磁盘控制器硬件故障。

读写磁盘时提示"Sector not found"或"General error in reading drive C"等类似错误信息，则表明磁盘磁道出现了物理损伤。

4）计算机在正常运行中出现死机或"该文件损坏"等问题，也可能和磁盘坏道有关。

◀◀◀ **实 训**

## 活动1　磁盘引导失败的处理

在启动计算机后，看不到 Windows 启动界面，而是出现了"Non-system disk or disk error, replace disk and press a key to reboot"（非系统盘或磁盘出错）提示信息，这就是常见的磁盘故障——引导型故障。

（1）硬件故障导致磁盘无法引导

所谓磁盘硬件故障，是指因为连接、电源或磁盘本身出现硬件故障而导致的磁盘故障。当发现磁盘无法引导时，首先得从硬件入手。

在大多数磁盘引导失败的故障中，磁盘本身的连接或设置错误是最常见的故障原因。因此，在遇上引导故障后，可在启动计算机时，按下 Del 键进入 BIOS 设置，在主界面中移动光标到"Standard CMOS Features"（标准 CMOS 设置）选项，按 Enter 键进入次级设置界面。在该界面中注意观察 IDE 端口上是否能看到当前系统中所安装的磁盘，如图 2-2-1 中的"SAMSUNG HD161GJ"就是系统中的磁盘。

如果能够看到磁盘型号，并且型号没有出现乱码，那么可以选中该磁盘并按 Enter 键，进入磁盘属性设置界面，将"IDE Primary Master"（第一 IDE 接口）和"Access Mode"（存取模式）选项均设置为"Auto"（自动）。移动光标到"IDE HDD Auto-Detection"（自动检测 IDE 磁盘）选项并按下 Enter 键，以便让主板自动检测磁盘，如果此时能显示出相应磁盘信息，如 Capacity（容量）、Cylinder（柱头数）等，则说明磁盘的物理连接及 BIOS 设置正确。

图 2-2-1　BIOS 磁盘型号

如果在"Standard CMOS Features"中看不到磁盘盘符及相关信息，或者磁盘的型号字符变成了乱码，例如，本来应该是"SAMSUNG HD161GJ"，却变成了"SM#5L0&0AVFA 7-0"，再查看磁盘的参数，不显示任何信息，那么一般说来有两种原因。

1）磁盘的数据线或电源线问题。如今的大磁盘都使用 80 芯的数据线。当出现在 BIOS 中看不到磁盘，或者磁盘型号出现乱码的现象时，首先考虑利用替换法更换一根确认没有问题的数据线，并且仔细检查数据线与磁盘接口、主板 IDE 接口的接触情况，查看主板 IDE 接口和磁盘数据接口是否出现了断针、歪针等情况。如果问题确实是因数据线及电源连接造成的，一般更换数据线并排除接触不良的问题后，在 BIOS 中就能看到磁盘，此时磁盘也就可以引导了。

2）磁盘本身问题。通过更换数据线、排除接触不良仍然无法看到磁盘，或者磁盘型号出现乱码时，则只能通过替换法来检查是否是磁盘本身出了故障，具体方法：将故障磁盘挂接在其他工作正常的计算机中，看磁盘是否能够正常工作，如果能够正常工作，则说明磁盘本身没有问题；如果依然检测不到磁盘，则说明磁盘已经出现了严重的故障，建议返回给生产厂商进行维修。

> **注意**
>
> 如果系统中安装了多块磁盘，则还需要检查磁盘的跳线设置情况，以免因为跳线设置错误而导致系统无法检测到磁盘的存在。磁盘跳线的设置方法可以通过查看说明书获得。

这种磁盘硬故障导致的磁盘无法引导，其故障大多出现在连接数据线或 IDE 接口上，磁盘本身故障的可能性并不大，因此一般通过重新插接磁盘数据线或者改换 IDE 接口等进行替换试验，就会很快发现故障所在。另外，BIOS 中的磁盘类型正确与否直接影响磁盘的正常使用。现在的机器都支持"IDE Auto Detection"（自动检测）功能，可自动检测磁盘的类型。对于普通用户而言，建议通过该功能来自动设置磁盘参数。

（2）软故障导致磁盘无法引导

磁盘软故障也就是磁盘本身并没有问题，只是由于某些设置或参数被破坏而出现故障。当通过前面讲述的方法，确认磁盘没有出现硬故障时，此时可以从以下几个方面入手。

1）系统文件破坏导致无法引导。如果磁盘中没有安装操作系统，或者操作系统的引导文件遭到破坏，则也会出现磁盘无法引导的现象。很多电脑初学者都会自作聪明地把 C 盘根目录下的文件删除或移动到其他地方，殊不知此举会破坏系统引导文件，导致系统无法引导。

如何确定系统中引导程序遭到破坏呢？拿一张启动盘，引导系统，如果能在 DOS 状态下看到磁盘中的 C、D、E……这样的逻辑分区及分区中的文件，则证明只是引导程序被破坏，此时只需要重新安装操作系统即能解决问题。

2）磁盘引导区被破坏导致无法引导。磁盘是一种磁介质的外部存储设备，在其盘片的每一面上，以转动轴为轴心、以一定的磁密度为间隔的若干同心圆被划分成磁道（Track），每个磁道又被划分为若干个扇区（Sector），数据就按扇区存放在磁盘上。

什么是磁盘主引导扇区？磁盘的第一个扇区被保留为主引导扇区，它位于整个磁盘的0磁道0柱面1扇区，包括磁盘主引导记录（Main Boot Record，MBR）和分区表（Disk Partition Table，DPT）。其中主引导记录的作用是检查分区表是否正确以及确定哪个分区为引导分区，并在程序结束时把该分区的启动程序（也就是操作系统引导扇区）调入内存加以执行。分区表以80H或00H为开始标志，以55AAH为结束标志，共64B，位于本扇区的最末端。

值得一提的是，MBR由分区程序（例如，Fdisk.exe）产生，不同的操作系统可能不尽相同。正因为这个主引导记录容易编写，磁盘的主引导区常常成为计算机病毒攻击的对象，从而被篡改甚至被破坏。

磁盘引导区被破坏后的故障现象会是怎么样呢？

主引导区记录被破坏后，当启动系统时，往往会出现"Non-system disk or disk error, replace disk and press a key to reboot"（非系统盘或磁盘出错）、"Error Loading Operating System"（装入DOS引导记录错误）或"No ROM Basic，System Halted"（不能进入ROM Basic，系统停止响应）等提示信息，在比较严重的情况下，则不会出现任何信息。

那么如何修复磁盘主引导区呢？

如果系统出现磁盘无法引导的现象，并且通过前面讲述的方法都无法解决问题，则可以判断是磁盘主引导区出现问题。可通过Fdisk修复磁盘主引导区。用Windows系统启动盘启动系统后，在提示符下输入"Fdisk/mbr"命令按Enter键即可。通过Fdisk加"/mbr"参数能覆盖主引导区记录的代码区，但不重建主分区表。因此该方法只适用于主引导区记录被引导区型计算机病毒破坏或主引导记录代码丢失，但在主分区表并未损坏的情况下生效。

> **注意**
>
> "Fdisk /mbr"命令并不适用于清除所有引导型病毒，因此要慎用。

## 活动2　磁盘坏道的检测与修复

由于磁盘采用磁介质来存储数据，在经历长时间的使用或者使用不当之后，难免会发生一些问题，也就是通常所说的产生"坏道"，当然这种坏道有可能是软件的错误，也有可能是磁盘本身的硬件故障，但是并不是说磁盘有了坏道之后就会报废，如果处理方法得当，完全可以做到让磁盘"恢复健康"，至少也可以增加磁盘的使用年限。

（1）磁盘坏道的分类

磁盘出现坏道除了磁盘本身质量以及老化的原因外，在很大程度上是由于平时使用不当造成的。磁盘坏道根据其性质可以分为逻辑坏道和物理坏道两种，简单来说，逻辑坏道是由于一些软件或者使用不当造成的，这种坏道可以使用软件修复，而物理坏道则是磁盘盘片本身的磁介质出现问题，例如，盘片有物理损伤，这类故障通常是使用软件也无法修复的错误。

如果磁盘一旦出现下列这些现象时，就该注意磁盘是否已经出现了坏道。

1）在读取某一文件或运行某一程序时，磁盘反复读盘出错，提示文件损坏等信息，或者要经过很长时间才能成功，有时甚至会出现系统蓝屏现象等。

2）磁盘声音突然由原来正常的摩擦音变成了怪音。

3）在排除计算机病毒感染的情况下系统无法正常启动，出现"Sector not found"或"General error in reading drive C"等提示信息。

4）格式化磁盘时，到某一进度停止不前，最后报错，无法完成。

5）每次系统开机都会自动运行 Scandisk 扫描磁盘错误。

6）对磁盘执行 Fdisk 时，到某一进度会反复进进退退。

7）启动时不能通过磁盘引导系统，用软盘启动后可以转到磁盘盘符，但无法进入，用SYS 命令传导系统也不能成功。这种情况很有可能是磁盘的引导扇区出了问题。

（2）HD Tune 的使用方法

HD Tune 是一款小巧易用的磁盘检测工具软件，HD Tune Pro 也是一款适用于移动磁盘的检测工具，主要功能有磁盘传输速率检测、健康状态检测、温度检测及磁盘表面扫描等。另外，HD Tune 还能检测出磁盘的固件版本、序列号、容量、缓存大小以及当前的 Ultra DMA模式等。虽然其他软件也有这些功能，但可贵的是此软件把所有这些功能集于一身，速度又快，而且是免费软件，可自由使用。

HD Tune 程序主界面如图 2-2-2 所示。HD Tune 的主要功能是错误扫描，如图 2-2-3 所示。

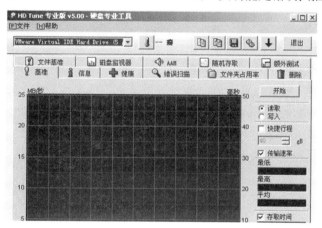

图 2-2-2　HD Tune 程序主界面

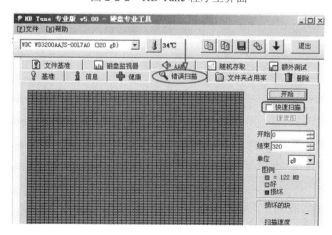

图 2-2-3　HD Tune 错误扫描

选择"错误扫描"选项卡，只要单击"开始"按钮就可以对整个磁盘进行磁盘扫描检测了，HD Tune 用绿块代表磁盘好的部分，用红块代表磁盘有坏道的部分。HD Tune 错误扫描进度如图 2-2-4 所示。

图 2-2-4    HD Tune 错误扫描进度

可以使用 HD Tune 的"健康"选项卡来观察磁盘的其他参数，如累计通电时间、寻道错误率、温度等。

HD Tune 的健康状态如果是红色警告，就要小心了，说明磁盘随时都有出故障的可能，要尽快备份重要数据（磁盘用过一段时间有黄色警告的情况比较多，这只是对磁盘的综合评价，大家不要偏信）。一旦磁盘经"错误扫描"有红块，就说明已经有了坏道，大家一定要注意及时备份数据。HD Tune 错误扫描结果如图 2-2-5 所示。

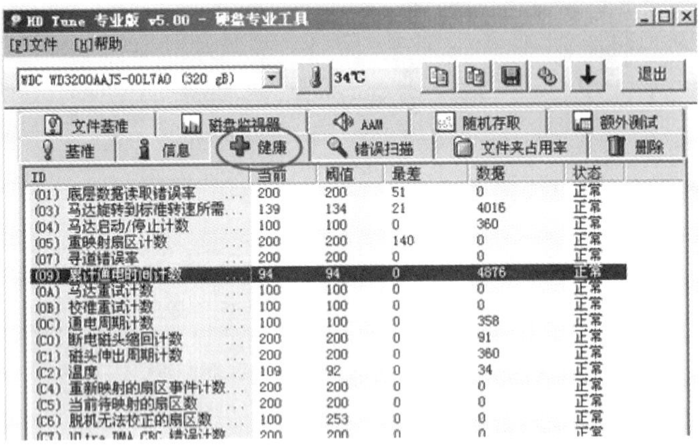

图 2-2-5    HD Tune 错误扫描结果

（3）磁盘坏道的修复方法

由于磁盘内部工作环境的要求极为严格，小小的灰尘进入磁盘内部也会造成不可挽回的损坏，所以当磁盘出现坏道时，我们并不能拆开磁盘进行维修，只能通过一些工具软件来进行修复，从而最大限度地挽回损失。

当确定磁盘有坏道之后，并不能确定这个坏道到底是逻辑损伤还是物理损伤，只能遵循从简单到复杂的步骤进行修复，一般逻辑坏道经过简单的软件修复就可以解决故障，但是一些物理坏道则需要进一步的修复才能保证磁盘的数据安全和正常使用。

（4）逻辑坏道的修复

一般情况下，磁盘产生逻辑坏道的原因是一些正版软件会在磁盘上某些扇区写入信息，其他的软件则无法访问这个扇区，这种情况下，磁盘检测工具也会误认为该扇区产生了坏道，一般这种情况无需进行修复，但是现在的软件很少采用这种加密方式了。

还有一种情况就是使用不当造成的逻辑坏道，如磁盘在读取数据时意外遭到重启，则有可能产生逻辑坏道，情况严重的甚至会产生物理坏道。此时可以使用 Windows 自带的磁盘工具对磁盘进行扫描，并且对错误进行自动修复。

具体步骤如下（以 Windows 7 为例）：在计算机中选中盘符后右击，选择"属性"命令在弹出的驱动器属性对话框中选择"工具"选项卡，单击"开始检查"按钮，如图 2-2-6 所示。

在打开的检查磁盘对话框中勾选"自动修复文件系统错误"和"扫描并尝试恢复坏扇区"复选框。单击"开始"按钮，如图 2-2-7 所示。

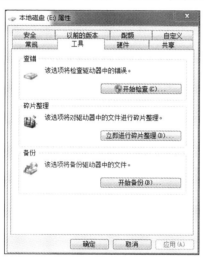

图 2-2-6　磁盘属性工具界面

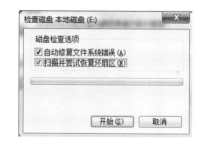

图 2-2-7　检查磁盘

扫描时间会因磁盘容量及扫描选项的不同而有所差异。但是值得注意的是，在 Windows 7 及以上版本的操作系统中，并不能显示每个扇区的详细情况，所以通常在这种情况下，最好还是选择 DOS 下的磁盘检测工具 Scandisk。Scandisk 会检测每个扇区，并且会标记坏扇区，以免操作系统继续访问这个区域，保证系统运行的稳定和数据的安全性。

一般来说，通过上述的方法，修复完成之后磁盘上坏道仍然存在，只是做上了标记，系统不会继续访问了，但是随着对磁盘的继续使用，我们可能会发现磁盘坏道有可能扩散，所以这种方法并不能从根本上解决问题。比较妥善的办法是对磁盘数据进行备份，然后重新分区格式化磁盘，一般来说，如果磁盘上的故障仅仅是逻辑坏道，就可以彻底地解决问题。建议在进行重新分区和格式化之后，使用 DOS 下 Scandisk 再次对磁盘进行检测，确保磁盘逻辑坏道的完全修复。

（5）磁盘物理坏道的处理方法

如果按照逻辑坏道的处理方法修复之后，仍然发现磁盘有坏道，那么磁盘很有可能就是有物理坏道了。在这种情况下，不必急于对磁盘坏道是否可以修复下结论，还可以采用另外一个软件对磁盘进行低级格式化，再进行重新分区格式化，有些磁盘坏道也有可能通过这种方式得到解决。

1）低级格式化磁盘。低级格式化的方式有两种，一种是通过主板 BIOS 自带的低级格式化工具，一种是采用软件的方式进行低级格式化。通过主板 BIOS 自带的低级格式化工具的方法会受到主板的限制，有些主板在 BIOS 中并没有配备这样的程序，并且目前新型号的主板大多没有低级格化式的功能了，所以还是推荐采用软件的方式来进行磁盘的低级格式化。

Maxtor 出品过一个低级格式化工具 low.exe，这个软件可以对 Maxtor 磁盘进行低级格式化，可以适用于各种品牌各种型号的 IDE 磁盘。该软件的操作相当简单，如图 2-2-8 和图 2-2-9 所示。

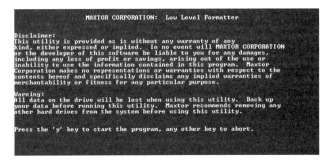

图 2-2-8　low.exe 启动界面

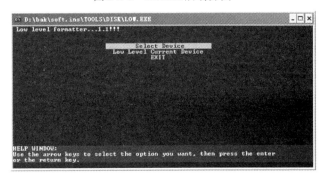

图 2-2-9　选择需要进行低级格式化的磁盘

一般低级格式化的过程比较长，所以需要耐心的等待。此外，需要注意的一点是，如果机器上还安装有其他的磁盘，在运行 low 这个低级格式化程序的时候最好将其他磁盘卸下，以免数据丢失。

2）磁盘物理坏道的修复。可以用 HDD Regenerator Shell（以下简称为 HDD）来轻松修复磁盘物理坏道。HDD 是一个功能强大的磁盘修复软件，程序可以真正地修复再生磁盘表面的物理损坏（如坏扇区），而并不仅仅是将其隐藏。程序安装后会创建一个引导盘，然后引导在 DOS 下进行磁盘的修复再生工作，界面简捷，非常容易操作。

例如，一块 3.2GB 的昆腾磁盘分为 C、D 两个区，共有 800KB 的坏道且分布在多处。由于坏道的原因经常一打开"我的电脑"就死机，而且系统非常不稳定。用 Windows 的完全磁盘扫描一次需要 5h，而且在每一次非正常关机后都会进入完全扫描，另外坏道还在继续扩散。采用 HDD 修复了坏道，电脑也恢复了正常。

3）制作启动盘。下载程序解压后运行其中的 hddreg_v1.31.exe，按提示安装好 HDD。运行程序后选择 regeneration→create dikette 命令按提示磁盘创建一个启动盘。

将系统用启动盘启动后程序会自动运行（注意：在 BIOS 中将软驱设置为第一启动）。程序首先会检测电脑中的磁盘并要求从中选择一个需要修复的磁盘，如图 2-2-10 所示（如果不止一块磁盘），选择后按 Enter 键，HDD 开始执行扫描，HDD 可以从任意位置开始扫描。如果事先知道坏道的位置可以直接填入相应的数值按 Enter 键即可，如图 2-2-11 所示，这样可以节约很多时间。如果要停止扫描随时按 ctrl+break 组合键即可退出程序。

图 2-2-10　选择需要扫描的磁盘

图 2-2-11　HDD 磁盘扫描

当 HDD 扫描到坏道后会在进度条上显示红色的"B"字，随后就开始自动修复，修复好的用蓝色的"R"字标注（图 2-2-12）。扫描并修复完后就可以正常地使用磁盘了。

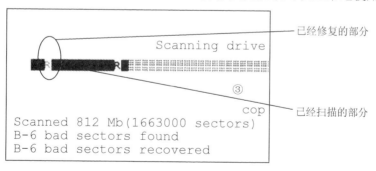

图 2-2-12　HDD 磁盘坏道修复界面

注意

　　如果磁盘的坏道比较多而且分散，HDD 修复的时间会比较长，需耐心等待。

为了数据的安全，修复应该在纯 DOS 下进行，强烈建议做好数据的备份工作。

如果是由于坏道的原因导致原来的数据无法访问的，应在修复后马上备份原来的数据，即使修复好的磁盘也完全有可能再产生新的坏道。

未注册用户每次发现一个坏道并修复后程序就会停止运行，如果要修复再次运行它即可，这适用于坏道较少的用户。

作为存储设备中的一员，磁盘起着极其重要的作用。但是由于磁盘属于磁介质，因此其使用寿命与稳定性不像内存等设备那样好，使用时难免会出现各种各样的问题。更加复杂的是，由于磁盘牵涉系统底层的设置，因此往往不能在大家熟悉的 Windows 环境下解决问题，必须转到 DOS 下处理，这对于不少新手而言就有些无所适从了，毕竟他们没有经历过 DOS 时代。

## 活动3 培养数据备份的习惯

通过对活动 1、活动 2 的学习，相信我们对磁盘已经有了更深入的理解。通过经验分析，计算机系统故障中超过 20%的机率是由磁盘故障导致的，而保存在磁盘中的数据对于我们来说或许在不经意间已经成为无价之宝。

业内人士普遍认为数据备份是存储工作中的重中之重，这个理由是非常明显的。许多备份的最佳做法实际上就是每个人都知道和在使用的一些常识。下面是有关备份的一些最佳做法。

（1）制定规则和程序

许多技术人员都讨厌文件之类的东西，但是，充分的规定是任何行动成功的关键。备份的规则和程序不必是厚厚的一本书，在进行备份的时候仅仅包含这些内容就可以：什么时间进行备份，什么内容需要备份，谁负责进行备份，谁可以访问备份相关内容等。

（2）测试备份

这个规则也是一个常识。但是，需要注意的是，可能会有一些损坏的备份数据，更糟糕的是你还以为这个备份是好的，能够用于灾难恢复，结果却不能用。因此，要避免这种情况，在备份重要数据的时候就需要测试备份是否可用。

（3）将备份存储在安全的地方

安全规定很可能包含备份存储的内容，但是如果不包含这些内容，要在恰当的时机制定这些规定以便改正这个问题。安全的地方是一个广义的词汇，通常意味着存储备份的地方是受到保护的，防止非法访问和防止存储在易受到火灾、洪水和地震等灾害物理破坏的地方。备份数据最好不要存储在数据中心本身。不过，如果数据中心确实是安全存储备份的地方，可以存储在那里。有些数据中心像要塞一样，比其他地方都安全。

（4）实时进行备份

最新的备份总是有用的。例如，在银行、在线交易等方面，只有实时的备份才是有用的。实时的备份不需要更多的资源。但是，如果数据是时间敏感性的，那么，实时备份只是一种选择。即使数据不是时间敏感性的，它对于实时备份也没有影响。

（5）知道要备份的内容

如果能够绝对地备份一切事情是最好的，但是，绝对的方法是不现实的。另外一种好的方法是省略可以忽略的数据。在任何情况下，都应该根据重要性对数据分类，至少要定期备份重要的数据和非常重要的数据。的确，备份的数据越多就越好，但是，如果运行有严重的局限性，则必须要保证照顾到重要的数据。

（6）定期备份

备份需要时间取决于使用的具体备份程序。备份可能会影响数据中心的正常工作，不能为了备份停止正在进行的工作。备份工具一般没有这种要求，但是有些数据在正在运行的时候是不能进行备份的，首先需要机器停下来，然后再进行备份。如果可能的话，计划好这种数据的备份时间，在机器工作量不大的时候（夜间和清晨）进行备份。

（7）云存储、云备份

云存储的概念与云计算类似，它是指通过集群应用、网格技术或分布式文件系统等功能，网络中大量各种不同类型的存储设备通过应用软件集合起来协同工作，共同对外提供数据存储和业务访问功能的一个系统，保证数据的安全性，并节约存储空间。简单来说，云存储就是将存储资源放到"云"上供人存取的一种新兴方案。使用者可以在任何时间、任何地方，通过任何可连网的装置连接到"云"上方便地存取数据。

---

**小贴士**

磁盘硬件故障可能出现的原因：

1）不正确地开、关主机电源或电压不稳定，如经常强行关机，未使用 UPS 等情形。

2）磁盘在读写数据时受到震动，特别是强烈的震动。

3）频繁地对磁盘进行压缩。

4）磁盘散热不好，使工作时温度太高。

5）使用环境不好，灰尘太多，烟雾大，环境温度太低或太高。

6）拆装磁盘的方法不当，使其受到异常震动或静电击穿电子零件。

7）离高磁物体如电风扇、大功率音箱（无磁音箱除外）等太近。

8）受计算机病毒破坏，如磁盘逻辑锁、CIH 病毒会破坏磁盘的主引导记录和分区表等；某些木马会对计算机进行删除或格式化等操作。

9）对磁盘进行超频使用。

10）磁盘出现坏道时未及时进行处理。磁盘盘片的物理损坏是无法修复的。

---

巩 固 练 习

1. 磁盘故障可能出现的原因有哪些？在使用过程中如何规避？

2. 如何检测磁盘的坏道？尝试修复检测出的磁盘坏道。

# 3

## 项 目

# 架设 IP-SAN 存储磁盘柜

>>>>>

◎ **项目导读**

　　磁盘柜可以形象地比喻为磁盘之家，反言之，磁盘就是磁盘柜这个磁盘大家庭中的成员。受访的 IT 存储用户中每四个就有三个部署了多个磁盘柜，这个数字十分惊人，因为数据存储通常都需要考虑统一存储的重要性及存储系统的可扩展性需求，而受访的 IT 存储用户中每四个就有四个反馈"如果它没坏，就不要修它"，这句话在存储架构团队中十分流行。

　　如果一个存储阵列失效导致数据丢失不能访问，这可能会给公司带来巨大的损失。因此清楚地认识磁盘柜，掌握架设和维护磁盘柜的基本能力，对于存储管理员来说十分重要。

◎ **能力目标**

- 认识磁盘柜架构。
- 掌握架设和维护磁盘柜的基本能力。
- 能够在存储系统中完成对磁盘柜的基本管理。

# 磁盘柜、主控柜的安装与维护

◎ **任务描述**

EP（Expander Processor，扩展处理器），通常称为磁盘柜控制器，作为磁盘柜的核心组件，该如何发挥其作用也是存储管理员需要思考的内容之一。DSU 的存储容量取决于磁盘模块插槽数目以及磁盘的容量，DSU 自身配备有电源模块、风扇模块以便 DSU 的供电与散热；DSU 配备磁盘柜控制器实现存储设备后端数据处理、分发以便满足存储系统扩容的需求。SPU 其实也可理解为带存储处理器的磁盘柜。

本任务主要是为了加深学生对 DSU、SPU 的认识，使学生掌握 DSU 和 SPU 的安装与拆卸方法及 SP、EP 的基本故障处理方法。

◎ **任务目标**

1. DSU、SPU 的感性认知。
2. 理解 DSU、SPU 的部署模式。
3. 掌握 DSU、SPU 的安装与拆卸方法。
4. 掌握 SP、EP 的基本故障处理方法。

◎ **设备环境**

1. 多块 SATA 磁盘，型号为 WD 20PURX，容量为 2TB。
2. 多块磁盘模块。
3. 一台存储系统，型号为 MacroSAN MS 2510i（宏杉科技产品）。
4. 学生实训用计算机，带有以太网卡。
5. 通过局域网实现学生实训主机与存储系统的 IP 可达。

◀◀◀ **知 识**

## 知识 1　磁盘柜的相关术语

（1）EP

EP 通常称为磁盘柜控制器，可插入到磁盘柜中，实现存储设备后端数据处理和分发。

（2）SAN

SAN（Storage Area Network，存储区域网络），是一种连接外部存储设备和服务器的架构，其连接方式可采用 FC 技术、iSCSI 技术等来实现。该架构的特点是存储设备连接到服务器后，服务器的操作系统视其为直接连接的存储设备。

（3）SAS

SAS 通常也称为串行 SCSI，是一种总线技术，主要功能是实现主板和存储设备（如磁盘）之间的数据传输。

（4）SP

SP（Storage Processor，存储处理器），通常称为存储控制器，可插入主控柜中，实现存储设备数据收发、处理和保护。

知识 2　常见的磁盘阵列组成

磁盘阵列包括两大主要部件：主控柜和磁盘柜。

主控柜的存储控制器是磁盘阵列的"大脑"，主要部件为处理器和缓存，最先主要实现简单 IO 操作、RAID 管理功能，随着技术的发展，能够提供各种各样的数据管理功能，如快照、镜像、复制等。

磁盘柜本身既没有处理器，也没有缓存。RAID 及数据管理功能通过主控柜的存储控制器实现，如图 3-1-1 所示。

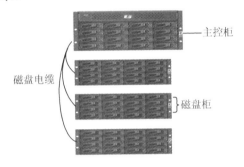

图 3-1-1　磁盘阵列柜连接图

图 3-1-2 展示的是磁盘主控柜与磁盘柜分离，通过磁盘线缆实现连接，组成磁盘阵列。这种方式比较灵活，适合于大型企业的大数据处理。

图 3-1-2　控制器与磁盘柜分离

图 3-1-3 描述的是将存储控制器模块加载到磁盘柜，实现控制器与磁盘柜融为一体，灵活方便地实现磁盘阵列的部署，目前很多中小型企业均采用这种部署模式。本书中的实训也将围绕这种部署模式进行。

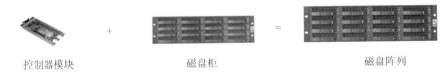

图 3-1-3　控制器与磁盘柜一体

### 知识 3　实训用到的存储控制器与磁盘柜简介

1. 存储控制器简介

MS2000 系列产品是宏杉科技推出的面向小型数据中心、分支机构的专业存储系统，其采用的是如图 3-1-3 所示的控制器与磁盘柜一体的方式。

MS2000 系列存储设备由以下模块化组件构成：

4U 高主控柜：可插入 2 个存储控制器模块、2 个电源模块、2 个风扇模块、2 个电池模块、16 个 3.5 英寸磁盘模块。下面将一一为大家介绍。

（1）SPU 前正视图

SPU 的高度为 4U，前正视图如图 3-1-4 所示。表 3-1-1 描述了组件说明。

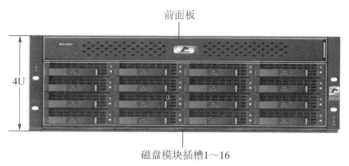

图 3-1-4　SPU 前正视图

表 3-1-1　SPU 前正视图组件说明

| 组　　件 | 描　　述 |
| --- | --- |
| 前面板 | SPU 的前面板，取下前面板后是 2 个电池模块插槽，可插入电池模块 |
| 磁盘模块插槽 1～16 | SPU 前端提供 16 个 3.5 英寸磁盘模块插槽，可插入 3.5 英寸磁盘模块（兼容 3.5 英寸磁盘和 2.5 英寸磁盘） |

（2）SPU 后正视图

SPU 可插入 2 个 SP 模块、2 个电源模块、2 个风扇模块，为方便布线及提供更好的散热效果，插入 SPU 下部的模块正立放置，模块编号为 1，如 SP1；插入 SPU 上部的模块倒立放置，模块编号为 2，如 SP2。SPU 后视图如图 3-1-5 所示。表 3-1-2 描述了 SPU 后正视图组件的说明。

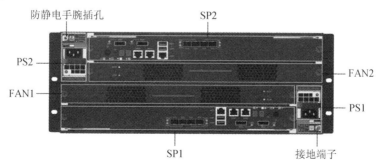

图 3-1-5　SPU 后正视图

表 3-1-2　SPU 后正视图组件说明

| 组　件 | 描　述 |
| --- | --- |
| 防静电手腕插孔 | 用于连接防静电手腕，以防止人体静电损坏敏感元器件 |
| SP2 | SPU 的 SP 插槽 2，可插入 SP |
| FAN2 | SPU 的风扇模块插槽 2，可插入风扇模块 |
| PS1 | SPU 的电源模块插槽 1，可插入电源模块 |
| 接地端子 | 用于接地，以防止设备的漏电流对人体产生电击 |
| SP1 | SPU 的 SP 插槽 1，可插入 SP |
| FAN1 | SPU 的风扇模块插槽 1，可插入风扇模块 |
| PS2 | SPU 的电源模块插槽 2，可插入电源模块 |

（3）SP 正视图

SPU 的存储控制器模块是整个存储系统的核心模块，负责存储设备的数据收发、数据处理和数据保护。存储控制器模块提供 4 个 GE 接口或 4 个 8Gbit/s FC 接口，用于连接前端的应用服务器；提供 2 个 x4Mini SAS 接口（支持 SAS V2.0，单端口带宽 24Gbit/s），用于连接 DSU 进行存储扩容，如图 3-1-6 所示。表 3-1-3 描述了 SP 正视图的组件说明。

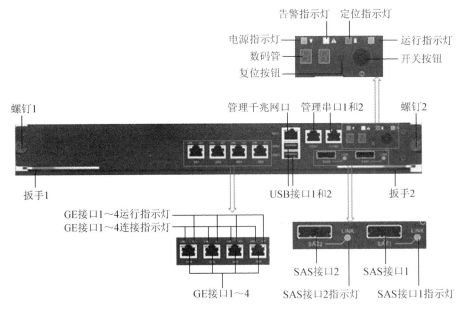

图 3-1-6　SP 正视图

表 3-1-3　SP 正视图组件说明

| 组　件 | 描　述 |
| --- | --- |
| 螺钉 1 | 用于固定 SP |
| 管理千兆网口 | 用于连接管理计算机，对设备进行管理 |
| 管理串口 1 和 2 | 用于维护工程师定位问题 |
| 复位按钮 | 用于复位 SP |
| 数码管 | 用于显示 SP 启动过程中的各个阶段 |

续表

| 组　件 | 描　述 |
|---|---|
| 电源指示灯 | 用于显示 SP 的电源状态 |
| 告警指示灯 | 用于显示 SP 的告警状态 |
| 定位指示灯 | 用于显示 SP 的定位状态 |
| 运行指示灯 | 用于显示 SP 的运行状态 |
| 开关按钮 | 用于开启、关闭 SP |
| 螺钉 2 | 用于固定 SP |
| 扳手 2 | 用于插拔和固定 SP |
| SAS 接口 1 指示灯 | 用于显示 SAS 接口 1 的状态 |
| SAS 接口 1 | 用于连接 DSU 进行存储扩容 |
| SAS 接口 2 指示灯 | 用于显示 SAS 接口 2 的状态 |
| SAS 接口 2 | 用于连接 DSU 进行存储扩容 |
| USB 接口 1 和 2 | 用于升级设备软件 |
| GE 接口 1~4 | 用于连接前端应用服务器 |
| GE 接口 1~4 连接指示灯 | 用于显示 GE 接口 1~4 的连接状态 |
| GE 接口 1~4 运行指示灯 | 用于显示 GE 接口 1~4 的运行状态 |
| 扳手 1 | 用于插拔和固定 SP |

**2. 磁盘柜简介**

DSU1516/DSU1616 和 DSU1525 外观类似，在下面的描述中，除了 DSU 前正视图分别说明外，其余以 DSU1516 的外观为例进行说明。

（1）DSU1516 磁盘柜

DSU1516 磁盘柜兼容 3.5/2.5 英寸磁盘，单柜 16 块磁盘，如图 3-1-7 所示。

3U 高磁盘柜：可插入 2 个磁盘柜控制器模块、2 个电源模块、2 个风扇模块、16 个 3.5 英寸磁盘模块。

图 3-1-7　DSU1516 磁盘柜前正视图

（2）DSU1525 磁盘柜

DSU1525 磁盘柜兼容 2.5 英寸磁盘，单柜 25 块磁盘，如图 3-1-8 所示。

图 3-1-8　DSU1525 磁盘柜前正视图

2U 高磁盘柜：可插入 2 个磁盘柜控制器模块、2 个电源模块、2 个风扇模块、25 个 2.5 英寸磁盘模块。

（3）支持的磁盘类型

支持磁盘类型为 SAS、SSD、SATA。SAS：15000/10000/7200RPM；SSD：固态盘；SATA：7200RPM；支持磁盘混插；同一磁盘柜内支持磁盘混插；控制器所在磁盘柜也支持 SSD、SAS、SATA 混插。

（4）DSU 后正视图

DSU 可插入 2 个 EP 模块、2 个风扇模块、2 个电源模块，为方便布线及提供更好的散热效果，插入 DSU 下部的模块正立放置，模块编号为 1，如 EP1；插入 DSU 上部的模块倒立放置，模块编号为 2，如 EP2，如图 3-1-9 所示。表 3-1-4 描述了 DSU1516 后正视图的组件说明。

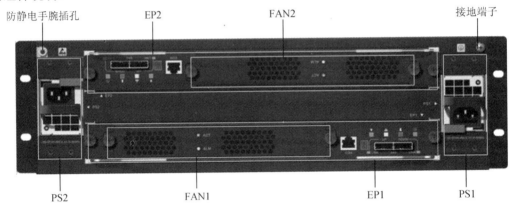

图 3-1-9　DSU1516 后正视图

表 3-1-4　DSU1516 后正视图组件说明

| 组　　件 | 描　　述 |
| --- | --- |
| 防静电手腕插孔 | 用于连接防静电手腕，以防止人体静电损坏敏元器件 |
| EP2 | DSU 的 EP 插槽 2，可插入 EP |
| FAN2 | DSU 的风扇模块插槽 2，可插入风扇模块 |
| 接地端子 | 用于接地，以防止设备的漏电流对人体产生电击 |
| PS1 | DSU 的电源模块插槽 1，可插入电源模块 |
| EP1 | DSU 的 EP 插槽 1，可插入 EP |
| FAN1 | DSU 的风扇模块插槽 1，可插入风扇模块 |
| PS2 | DSU 的电源模块插槽 2，可插入电源模块 |

（5）EP 正视图

EP 的高度是 1U，可插入风扇模块，DSU1516 的 EP 正视图如图 3-1-10 所示。表 3-1-5 描述了 DSU1516 的 EP 正视图的组件说明。

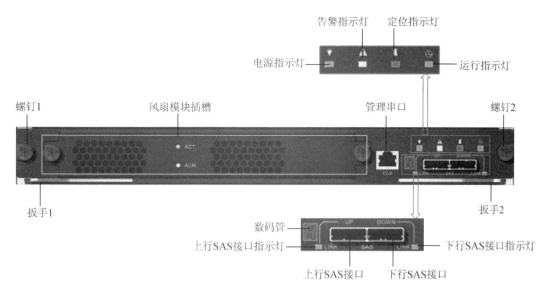

图 3-1-10　DSU1516 的 EP 正视图

表 3-1-5　DSU1516 的 EP 正视图组件说明

| 组　件 | 描　述 |
| --- | --- |
| 螺钉 1 | 用于固定 EP |
| 风扇模块插槽 | EP 的风扇模块插槽，可插入风扇模块 |
| 管理串口 | 用于维护工程师定位问题 |
| 电源指示灯 | 用于显示 EP 的电源状态 |
| 告警指示灯 | 用于显示 EP 的告警状态 |
| 定位指示灯 | 用于显示 EP 的定位状态 |
| 运行指示灯 | 用于显示 EP 的运行状态 |
| 螺钉 2 | 用于固定 EP |
| 扳手 2 | 用于插拔和固定 EP |
| 下行 SAS 接口指示灯 | 用于显示 EP 下行 SAS 接口的状态 |
| 下行 SAS 接口 | 用于连接下行 DSU |
| 上行 SAS 接口 | 用于连接 SPU 或上行 DSU |
| 上行 SAS 接口指示灯 | 用于显示 EP 上行 SAS 接口的状态 |
| 数码管 | 用于显示 DSU 的级数，使用十进制数字 |
| 扳手 1 | 用于插拔和固定 EP |

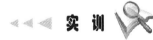 实　训

活动 1　存储设备的安装规划与流程

1. 安装规划

为了便于电源线和磁盘柜连接电缆的部署，建议安装存储设备时把 SPU 安装在机柜的中间，DSU 分别安装在 SPU 的上面和下面，以 SPU 连接 6 个 DSU 为例，安装位置如

图 3-1-11 所示。在实施安装之前，请根据实际情况规划好各个组件的安装位置。

| DSU |
| --- |
| DSU |
| DSU |
| SPU |
| DSU |
| DSU |
| DSU |

图 3-1-11　存储设备的安装规划示意图

**2. 安装流程**

存储设备的安装流程如图 3-1-12 所示。

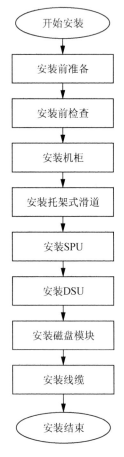

图 3-1-12　存储设备的安装流程示意图

活动 2  安装 SPU

SPU 安装流程如图 3-1-13 所示。

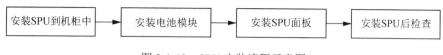

图 3-1-13  SPU 安装流程示意图

> **注意**
>
> 1）每台 SPU 机箱可插入 2 个 SP、2 个电源模块和 2 个风扇模块，安装 SPU 前，检查 SP、风扇模块和电源模块是否已经安装。
>
> 2）安装 SPU 前，确认托架式滑道已经正确安装。如果使用用户自备滑道，确认机柜前方孔条上浮动螺母的孔位是否合适。如果浮动螺母的孔位不合适，需要调整浮动螺母的孔位。
>
> 3）SPU 较重，安装 SPU 时，需要两人同时参与安装操作。

**第 1 步**  安装 SPU 到机柜中

安装 SPU 的步骤如下：

**01** 两人一左一右抬起 SPU，慢慢搬运到安装机柜前面。

**02** SPU 抬到比预定安装位置略高处，把 SPU 尾部摆放在托架式滑道上，SPU 前端略微抬起用力推动，沿图 3-1-14 中箭头方向使 SPU 沿着滑道的托片缓缓滑入，直到 SPU 机箱挂耳靠在机柜前方孔条上。

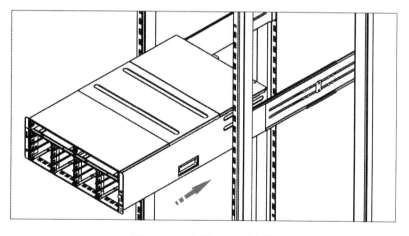

图 3-1-14  安装 SPU 示意图

**03** 调节 SPU 水平、左右方向的位置，使 SPU 挂耳上的腰型孔对准机柜方孔条上的孔位。

**04** 用面板螺钉将挂耳与滑道前端的螺母（或机柜的前方孔条上的浮动螺母）固定，安装完成后，如图 3-1-15 所示。

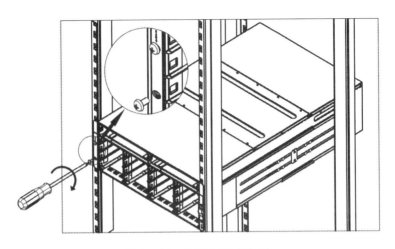

图 3-1-15　检查 SPU 示意图

**第 2 步**　安装电池模块

存储设备的 SPU 标配 2 个电池模块，安装在机箱前面最上方的 1U 空间。在 SPU 中安装电池模块的步骤如下：

**01** 双手分别握住电池模块的两侧，对准 SPU 机箱上对应的安装位置，沿着插槽导轨缓慢地插入电池模块（插入过程中，电池模块应保持水平），如图 3-1-16 所示。

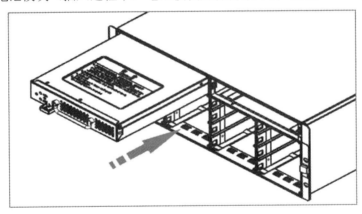

图 3-1-16　安装电池模块示意图

**02** 当电池模块不能再向前推进时，停止推动，此时能听到锁扣扣上的声音，表示电池模块安装到位。

**03** 把电池模块拉手放到收起位置。

**04** 重复步骤 1 至步骤 3，安装另外一个电池模块。

**05** 安装完毕后，检查电池模块的锁扣是否扣到位，电池模块拉手处于收起状态。

**第 3 步**　安装 SPU 面板

建议完成系统调试后再安装 SPU 面板，其安装方法如图 3-1-17 所示。把 SPU 面板与SPU 正面对齐，沿图 3-1-17 中箭头左右两侧所指方向，用手指稍微按住面板可活动的卡口，导向销对准机箱上的孔，稍微用力把面板装入 SPU 正面。

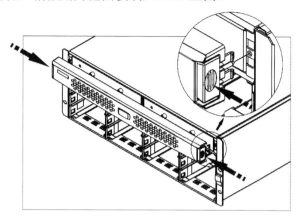

图 3-1-17    安装 SPU 面板示意图

第 4 步    SPU 安装后的检查

**01** 检查。完成 SPU 安装后，请按照表 3-1-6 中的项目进行检查，要求所列项目检查结果均为"是"。

表 3-1-6    安装 SPU 后检查表

| 检查要素 | | 检查结果 | | 备注 |
|---|---|---|---|---|
| 编号 | 项目 | 是 | 否 | |
| 1 | SPU 安装位置是否正确 | | | |
| 2 | 电池模块安装是否到位并紧固、接触良好 | | | |
| 3 | SP 安装是否到位并紧固、接触良好 | | | |
| 4 | 电源模块安装是否到位并紧固、接触良好 | | | |
| 5 | 风扇模块安装是否到位并紧固、接触良好 | | | |

**02** 上电检测。SPU 安装完成后，就可以对其进行上电检测了，表 3-1-7 详细描述了 SP 模块上电后，各指示灯的颜色与状态，通过解读指示灯可以大概知道 SP 的健康状态。

表 3-1-7    SP 上电后指示灯说明

| 指示灯 | 颜色 | 描述 |
|---|---|---|
| 电源指示灯 | 绿色 | 熄灭：表示 SP 未接入 AC 电源且已关机。<br>固定 1Hz 频率闪烁：表示 SP 已接入 AC 电源且未开机。<br>固定 2Hz 频率闪烁：表示 SP 由电池供电且已开机，此时不响应开关按键事件。<br>常亮：表示 SP 已接入 AC 电源且已开机 |
| 运行指示灯 | 绿色 | 熄灭或常亮：表示 SP 工作异常。<br>固定频率闪烁：表示 SP 工作正常 |
| 告警指示灯 | 黄色 | 熄灭：表示 SP 硬件正常运行。<br>固定 1Hz 频率闪烁：表示 SP 硬件一般告警。<br>常亮：表示 SP 硬件严重告警 |
| 定位指示灯 | 蓝色 | 熄灭：表示未对 SP 进行定位。<br>常亮：表示正在对 SP 进行定位。<br>固定 1Hz 频率闪烁：表示 SP 正在启动 |

| 指 示 灯 | 颜 色 | 描 述 |
| --- | --- | --- |
| 管理千兆网口运行指示灯 | 黄色 | 熄灭：表示未连接。<br>常亮：表示已连接，且无数据收发。<br>闪烁：表示已连接，且有数据收发 |
| 管理千兆网口连接指示灯 | 黄绿双色 | 绿灯、黄灯均熄灭：表示未连接。<br>绿灯常亮：表示已连接，协商速率是1Gbit/s。<br>黄灯常亮：表示已连接，协商速率不是1Gbit/s |
| SAS接口指示灯 | 绿色 | 熄灭：表示未连接。<br>常亮：表示4个通道都已连接且无数据收发。<br>非固定频率闪烁：表示4个通道都已连接且有数据收发。<br>固定1Hz频率闪烁：表示4个通道中部分通道未连接，不判断是否有数据收发 |
| FC接口指示灯 | 黄绿双色 | 绿灯、黄灯均熄灭：表示未连接。<br>绿灯常亮：表示已连接，协商速率是8Gbit/s。<br>绿灯非固定频率闪烁：表示已连接，协商速率是8Gbit/s，且有数据收发。<br>黄灯常亮：表示已连接，协商速率不是8Gbit/s。<br>黄灯非固定频率闪烁：表示已连接，协商速率不是8Gbit/s，且有数据收发 |
| GE接口运行指示灯 | 绿色 | 熄灭：表示未连接。<br>常亮：表示已连接，且无数据收发。<br>闪烁：表示已连接，且有数据收发 |
| GE接口连接指示灯 | 黄绿双色 | 绿灯、黄灯均熄灭：表示未连接。<br>绿灯常亮：表示已连接，协商速率是1Gbit/s。<br>黄灯常亮：表示已连接，协商速率不是1Gbit/s |

## 活动3 安装DSU

DSU 的安装流程如图 3-1-18 所示，重复下面的步骤，完成所有 DSU 的安装。

图 3-1-18　DSU 安装流程示意图

**注意**

1）安装 DSU 前，确认托架式滑道安装正确。如果使用用户自备滑道，确认机柜前方孔条上浮动螺母的孔位是否合适。如果浮动螺母的孔位不合适，需要调整浮动螺母的孔位。安装 DSU 时，需要两人或两人以上同时参与安装操作。

2）DSU1516/DSU1616 对应的是 3U 托架式滑道，DSU1525 对应的是 2U 托架式滑道。

**第1步** 安装 DSU 到机柜中

安装 DSU 的步骤如下：

**01** 两人一左一右抬起 DSU，慢慢搬运到安装机柜前面，使 DSU 的后部朝向机架。

**02** 将 DSU 抬高到比预定安装位置略高处，把 DSU 尾部摆放在托架式滑道上，DSU前端略微抬起用力推动，沿图 3-1-19 中箭头方向使 DSU 沿着滑道的托片缓缓滑入，直到

DSU 挂耳靠在机柜前方孔条上。

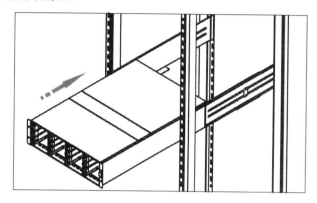

图 3-1-19　安装 DSU 示意图

**03** 调节 DSU 的水平、左右方向的位置，使挂耳上的螺钉孔对准滑道（机柜方孔条上）的孔位。

**04** 用螺钉将挂耳与滑道（机柜前方孔条上的浮动螺母）固定，完成 DSU 安装于机柜的操作。安装完成后，如图 3-1-20 所示。

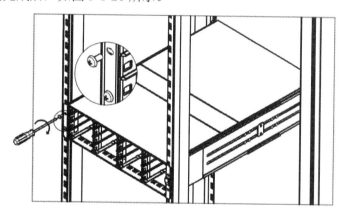

图 3-1-20　检查 DSU 示意图

**第 2 步**　DSU 安装后的检查

**01** 检查。完成 DSU 安装后，请按照表 3-1-8 中的项目进行检查，要求所列项目检查结果均为"是"。

表 3-1-8　安装 DSU 后检查表

| 检查要素 | | 检查结果 | | 备　注 |
| --- | --- | --- | --- | --- |
| 编号 | 项　目 | 是 | 否 | |
| 1 | 所有 DSU 安装位置是否正确 | | | |
| 2 | EP 安装是否到位并紧固、接触良好 | | | |
| 3 | 电源模块安装是否到位并紧固、接触良好 | | | |
| 4 | 风扇模块安装是否到位并紧固、接触良好 | | | |

**02** 上电检测。当 DSU 上电后，就可以通过 EP 模块的指示灯状态来判断 DSU 的健康状态。表 3-1-9 描述了 EP 模块各个指示灯的颜色与状态。

表 3-1-9　EP 上电后指示灯说明

| 指　示　灯 | 颜　色 | 描　述 |
|---|---|---|
| 电源指示灯 | 绿色 | 熄灭：表示 EP 未接入 AC 电源。<br>常亮：表示 EP 已接入 AC 电源且已开机 |
| 运行指示灯 | 绿色 | 熄灭或常亮：表示 EP 工作异常。<br>固定频率闪烁：表示 EP 工作正常 |
| 告警指示灯 | 黄色 | 熄灭：表示 EP 硬件正常运行。<br>固定 1Hz 频率闪烁：表示 EP 硬件一般告警。<br>常亮：表示 EP 硬件严重告警 |
| 定位指示灯 | 蓝色 | 熄灭：表示未对 EP 进行定位。<br>常亮：表示正在对 EP 进行定位 |
| SAS 接口指示灯 | 绿色 | 熄灭：表示未连接。<br>常亮：表示 4 个通道都已连接且无数据收发。<br>非固定频率闪烁：表示 4 个通道都已连接且有数据收发。<br>固定 1Hz 频率闪烁：表示 4 个通道中部分通道未连接，不判断是否有数据收发 |

## 活动 4　设备配置

设备上电后，默认配置如表 3-1-10 所示，管理口的 IP 地址与管理员登录的用户信息。

表 3-1-10　SP 的默认配置

| 项　　目 | 默　认　值 |
|---|---|
| 设备名称 | MacroSAN-1 |
| SP1 管理网口 IP 地址 | 192.168.0.210 |
| SP2 管理网口 IP 地址 | 192.168.0.220 |
| 管理员 | admin |
| 密码 | admin |

设备管理串口的参数如表 3-1-11 所示，一般用于工程师调试存储设备的具体信息，如当管理员修改过 SP 的 IP 地址之后，却忘记了 IP 地址的情况下，就需要采用超级终端进行串口调试。

表 3-1-11　SP 的 console 口默认配置

| 项　　目 | 默　认　值 |
|---|---|
| 串口波特率 | 115200 |
| 数据位 | 8 |
| 奇偶校验 | 无 |
| 停止位 | 1 |
| 数据流控制 | 无 |

在进行配置之前，需要做好准备工作：管理计算机已启动；管理计算机和所有 SP 的管

理网口网络可达，可通过 ping 命令进行检查。

第 1 步 配置设备

MacroSAN Scope 是存储设备基于 Java 的 GUI 管理界面，通过访问设备的管理 IP 地址可直接打开管理界面。

**01** 在管理计算机上打开 Web 浏览器，在地址栏中输入 ODSP 存储设备管理网口的 IP 地址，如 http://172.16.251.142/，并刷新界面。

**02** （可选）如果检测到管理计算机中未安装 JRE6.0 软件，将会提示从存储设备下载 JRE6.0 安装包并安装。

**03** 刷新 Web 浏览器地址栏，系统将自动从 ODSP 存储设备下载 ODSP Scope 程序。

**04** 下载完成后，系统自动运行 ODSP Scope。

**05** 在工具栏上单击"添加设备"按钮，输入默认的管理口 IP 地址、用户名和密码登录存储设备。

**06** 在工具栏上单击"系统管理"按钮，打开"系统管理"对话框，按照图 3-1-21 所示的步骤完成设备初始配置。

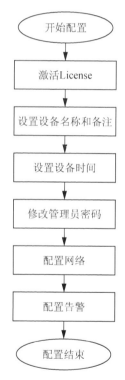

图 3-1-21 设备初始配置流程示意图

第 2 步 设备关机及下电

按照下面的顺序对设备进行关机及下电：

**01** 停止连接至存储的应用服务器中运行的相关业务。

**02** 断开应用服务器至存储的连接。

**03** 在存储设备的管理界面上选择关闭控制器。

**04** 等 SP 正常关机后，断开 SPU 的外部电源。

**05** 断开 DSU 的外部电源。

---

**小贴士**

在没有佩戴防静电手腕的情况下，不要直接用手触摸裸露的设备模块，人体产生的静电可能会损坏电路板上的静电敏感器件。

在取放、运输部件时，必须使用专用的防静电包装袋。

防静电手腕的佩戴方法如下：

1）将防静电手腕套在手腕上，让金属面紧贴皮肤。

2）拉紧锁扣，确认防静电手腕与皮肤有良好的接触。

3）将防静电插头插到存储设备的防静电手腕插孔内，具体位置参见 SPU 后正视图或 DSU 后正视图。

4）确认防静电手腕与机箱防静电手腕插孔已连接良好。

---

巩 固 练 习

1．简述什么是 SPU，什么是 DSU，SPU 与 DSU 有什么区别。

2．简述存储设备的安装流程。

任务 **3.2** SPU/DSU 的维护与管理

◎ **任务描述**

本任务采用的 MacroSAN ODSP（Open Data Storage Platform，开放数据存储平台）系列软件是杭州宏杉科技有限公司开发的针对存储设备的专用软件集，实现了客户端、存储控制器以及磁盘柜控制器之间的数据处理、数据分发以及设备管理。ODSP 系列软件包括：

ODSP_MSC 软件（Main Storage Controller Software）：存储主控软件，运行在存储控制器中，实现数据处理、数据保护等功能。

ODSP_Driver 软件：存储驱动软件，运行在存储控制器中，实现对硬件单板以及相关芯片的控制和管理。

ODSP_JMC 软件（JBOD Management Controller Software）：存储磁盘柜软件，运行在磁盘柜控制器中，实现对磁盘拓扑管理、数据处理和分发等功能。

通过完成对任务 3.1 的学习，我们已经知道 MacroSAN MS2510/MS2520 系列存储设备由以下模块化组件构成：

4U 高主控柜：可插入存储控制器模块、电源模块、风扇模块、电池模块、磁盘模块。

3U 高磁盘柜：可插入磁盘柜控制器模块、电源模块、风扇模块、3.5 英寸磁盘模块。

2U 高磁盘柜：可插入磁盘柜控制器模块、电源模块、风扇模块、2.5 英寸磁盘模块。

在下面的描述中，MS2510/MS2520 系列存储设备简称 ODSP 存储设备或设备，如果没有特殊说明，存储设备包括主控柜和磁盘柜；存储控制器模块简称 SP，磁盘柜控制器模块简称 EP。

◎ 任务目标

1. 熟悉 ODSP Scope 存储管理系统。
2. 掌握存储管理系统的网络规划与管理。
3. 掌握 SPU 和 SP 的管理与维护。
4. 掌握 DSU 和 EP 的管理与维护。

◎ 设备环境

1. 多块 SATA 磁盘，型号为 WD 20PURX，容量为 2TB。
2. 多块磁盘模块。
3. 一台存储系统，型号为 MacroSAN MS 2510i（宏杉科技产品）。
4. 学生实训用计算机，带有以太网卡。
5. 通过局域网实现学生实训主机与存储系统的 IP 可达。

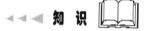

◀◀◀ 知 识

知识　ODSP Scope 存储管理系统介绍

ODSP Scope 是一款绿色管理软件，无须单独安装，在浏览器的地址栏中直接输入存储设备管理网口的 IP 地址，即可下载并打开与存储设备配套的管理界面。

ODSP Scope 提供了可视化的中文图形化管理界面，同一个界面中可以同时管理多达 32 台存储设备，通过 Step-to-Step 向导式的配置窗口，使得管理员对磁盘、SPU、DSU、存储池、RAID、LUN 及整个系统的管理变得简单、方便。

运行 ODSP Scope 的环境要求如下。

（1）操作系统要求

ODSP Scope 运行在管理计算机上，已完成兼容性测试的操作系统和浏览器如表 3-2-1 所示。

表 3-2-1　完成兼容性测试的操作系统与浏览器

| 操 作 系 统 | 浏 览 器 |
| --- | --- |
| Windows XP | IE7、IE8 |
| Windows 7 | IE7、IE8 |
| Windows Server 2003 | IE7、IE8 |
| Windows Server 2008 | IE7、IE8 |

（2）软件要求

ODSP Scope 基于 Java 开发，要求管理计算机预先安装 JRE6.0 软件。存储设备中包含了 JRE6.0 的安装包，在运行 ODSP Scope 时，如果检测到管理计算机未安装 JRE6.0 软件，系统将提示用户可以从存储设备下载 JRE6.0 软件并安装。

**活 动　在存储系统中维护与管理 SPU/DSU**

### 1. 管理 SPU 和 SP

**01** 查看 SPU 详细信息。

在设备树上选择"物理资源"→SPU 节点，在信息显示区的"基本属性"标签页中查看 SPU 的详细信息，包括 SPU 名称、SP 型号、SP 运行状态、SP 主控软件版本、SP 驱动软件版本等信息，如图 3-2-1 所示。图 3-2-1 的中间栏显示的是 SPU 的所有模块信息，包括 SP、电源模块、风扇模块、电池模块等信息，通过这些信息，可进一步了解电源模块、风扇模块、电池模块的健康状态。

| 名称 | 值 |
| --- | --- |
| SPU 名称 | MS2510I SPU |
| SP1型号 | SP2302A |
| SP2型号 | N/A |
| SP1 HA运行状态 | 接管对端 |
| SP2 HA运行状态 | 关机 |
| SP1主控软件版本 | V1.1.21T01P01 |
| SP2主控软件版本 | N/A |
| SP1驱动软件版本 | V158P4 |
| SP2驱动软件版本 | N/A |

图 3-2-1　SP 基本属性

**02** 通过单击 SP1 模块的物理端口列表，可以查询 SP 上所有物理端口的连接状态、协商速率及 IP 地址信息，其中 eth0 表示管理端口，对应面板上的 MGT 以太网接口，eth1、eth2、eth3、eth4 对应 SP 面板上的 GE1、GE2、GE3、GE4 四个业务端口，如图 3-2-2 所示。

ODSP存储设备 > MacroSAN-1 > 物理资源 > SPU > Modules > SP1

| 端口名称 | 端口类型 | 连接状态 | 协商速率 | 地址 |
| --- | --- | --- | --- | --- |
| eth0 | 管理端口 | 断开 | N/A | 192.168.0.210 |
| eth1 | 以太网端口 | 连接 | 100Mb/s | 172.18.9.7 |
| eth2 | 以太网端口 | 断开 | N/A | 192.168.2.210 |
| eth3 | 以太网端口 | 断开 | N/A | 192.168.3.210 |
| eth4 | 以太网端口 | 断开 | N/A | 192.168.4.210 |
| SAS-1:1:1 | SAS端口 | 断开 | N/A | -- |
| SAS-1:1:2 | SAS端口 | 断开 | N/A | -- |

总计：7个

图 3-2-2　SP 物理端口列表

**03** 通过查看电源模块可以读出电源模块健康状态信息，如图 3-2-3 所示。

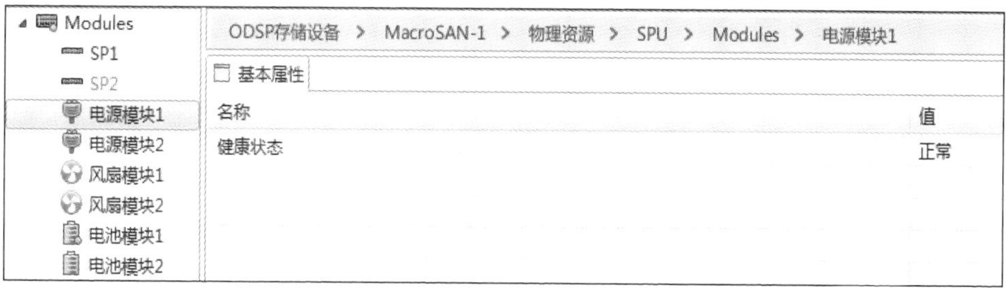

图 3-2-3　SPU 电源模块健康状态

**04** 通过查看风扇模块可以读出风扇模块健康状态信息，如图 3-2-4 所示。

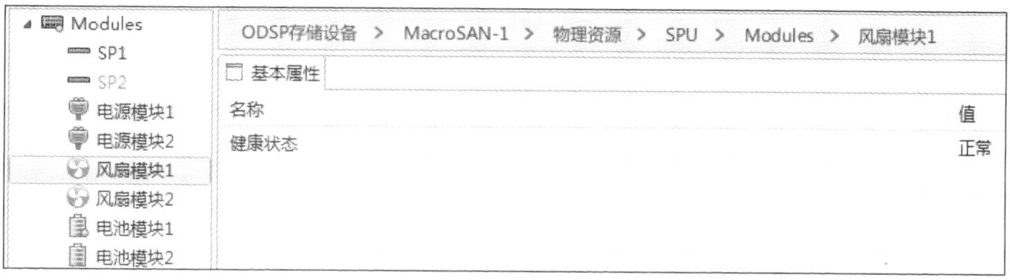

图 3-2-4　SPU 风扇模块健康状态

**05** 通过查看电池模块的状态信息，我们发现此时电池模块处于正在充电过程，如图 3-2-5 所示。

图 3-2-5　SPU 电池模块状态

**06** 在 SP 的基本属性栏里，有一项比较特殊的功能就是 SP 的状态定位。当一台 SPU 配备了两个 SP 时，通过 SP 定位功能可协助定位 SP 模块，如图 3-2-6 所示。单击对应的"开始定位" / "停止定位"按钮开始定位或停止定位 SP。

开始定位 SP 后，SP 的定位指示灯将常亮。

**07** 在设备树上选择"物理资源"→SPU→SP 节点，在信息显示区的"SP 日志"标签页中查看该 SP 最近的日志，如图 3-2-7 所示。通过查看 SP 日志，我们可以发现最近 SP 的端口 UP/DOWN 信息、用户登录信息以及告警和错误信息等，这样对于协助我们进行问题定位非常有帮助。

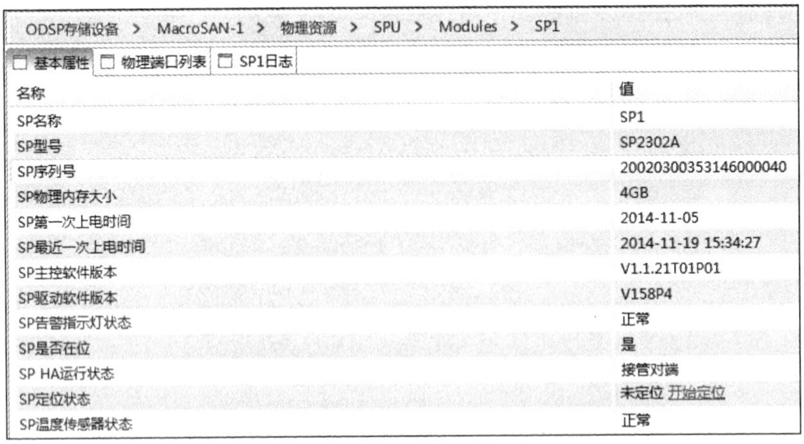

ODSP存储设备 > MacroSAN-1 > 物理资源 > SPU > Modules > SP1

基本属性 | 物理端口列表 | SP1日志

| 名称 | 值 |
|---|---|
| SP名称 | SP1 |
| SP型号 | SP2302A |
| SP序列号 | 200203003531460000040 |
| SP物理内存大小 | 4GB |
| SP第一次上电时间 | 2014-11-05 |
| SP最近一次上电时间 | 2014-11-19 15:34:27 |
| SP主控软件版本 | V1.1.21T01P01 |
| SP驱动软件版本 | V158P4 |
| SP告警指示灯状态 | 正常 |
| SP是否在位 | 是 |
| SP HA运行状态 | 接管对端 |
| SP定位状态 | 未定位 开始定位 |
| SP温度传感器状态 | 正常 |

图 3-2-6　SP 状态定位

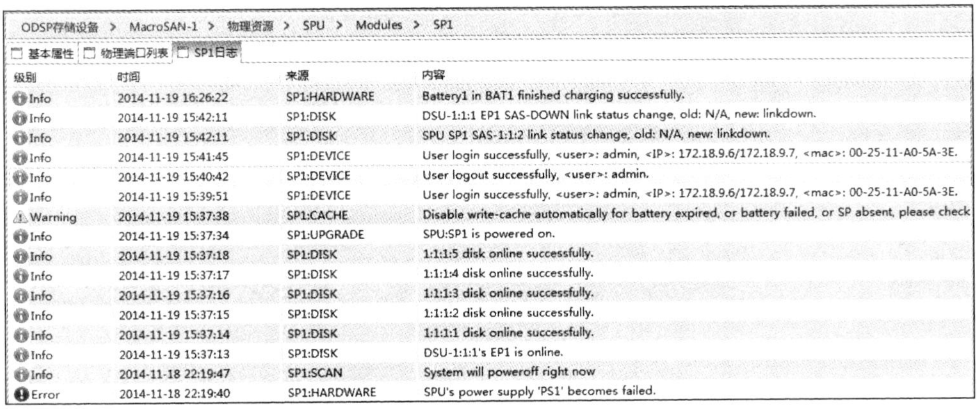

ODSP存储设备 > MacroSAN-1 > 物理资源 > SPU > Modules > SP1

基本属性 | 物理端口列表 | SP1日志

| 级别 | 时间 | 来源 | 内容 |
|---|---|---|---|
| Info | 2014-11-19 16:26:22 | SP1:HARDWARE | Battery1 in BAT1 finished charging successfully. |
| Info | 2014-11-19 15:42:11 | SP1:DISK | DSU-1:1:1 EP1 SAS-DOWN link status change, old: N/A, new: linkdown. |
| Info | 2014-11-19 15:42:11 | SP1:DISK | SPU SP1 SAS-1:1:2 link status change, old: N/A, new: linkdown. |
| Info | 2014-11-19 15:41:45 | SP1:DEVICE | User login successfully, <user>: admin, <IP>: 172.18.9.6/172.18.9.7, <mac>: 00-25-11-A0-5A-3E. |
| Info | 2014-11-19 15:40:42 | SP1:DEVICE | User logout successfully, <user>: admin. |
| Info | 2014-11-19 15:39:51 | SP1:DEVICE | User login successfully, <user>: admin, <IP>: 172.18.9.6/172.18.9.7, <mac>: 00-25-11-A0-5A-3E. |
| Warning | 2014-11-19 15:37:38 | SP1:CACHE | Disable write-cache automatically for battery expired, or battery failed, or SP absent, please check |
| Info | 2014-11-19 15:37:34 | SP1:UPGRADE | SPU:SP1 is powered on. |
| Info | 2014-11-19 15:37:18 | SP1:DISK | 1:1:1:5 disk online successfully. |
| Info | 2014-11-19 15:37:17 | SP1:DISK | 1:1:1:4 disk online successfully. |
| Info | 2014-11-19 15:37:16 | SP1:DISK | 1:1:1:3 disk online successfully. |
| Info | 2014-11-19 15:37:15 | SP1:DISK | 1:1:1:2 disk online successfully. |
| Info | 2014-11-19 15:37:14 | SP1:DISK | 1:1:1:1 disk online successfully. |
| Info | 2014-11-19 15:37:13 | SP1:DISK | DSU-1:1:1's EP1 is online. |
| Info | 2014-11-18 22:19:47 | SP1:SCAN | System will poweroff right now |
| Error | 2014-11-18 22:19:40 | SP1:HARDWARE | SPU's power supply 'PS1' becomes failed. |

图 3-2-7　SP 日志

### 2. 管理 DSU 和 EP

DSU 命名格式是：

```
DSU-a:b:c。
```

其中 a、b、c 为十进制数，表示 DSU 编号，具体规则如下。

a：系统预留，固定为 1。

b：表示 DSU 连接到 SP 的 SAS 接口编号，为 1 表示连接到 SAS1 接口，为 2 表示连接到 SAS2 接口。

c：表示 DSU 级数，从 1 开始顺序编号。

**01** 查看 DSU 详细信息。

在设备树上选择“物理资源”→DSUs→DSU 节点，在信息显示区的“基本属性”标签页中查看 DSU 的详细信息，包括 DSU 名称、型号、磁盘数目、DSU 定位状态、EP 软件版本等信息，如图 3-2-8 所示。注意图 3-2-8 的中间栏显示的是 DSU 上所携带的所有磁盘信息。从目前的情况来看，该 DSU 携带了 5 块磁盘，磁盘具体信息查看，可单击具体的磁盘编号，具体的磁盘信息及维护在项目 2 中有详细描述。

图 3-2-8 "DSU 基本属性"标签页

> **小贴士**
>
> SPU 内置了一个 DSU，即 DSU-1:1:1，该 DSU 上携带的磁盘模块编号即为 Disk-1:1:1:×，×为 1～16，表示磁盘槽位号，在 DSU 的前部，磁盘槽位从上到下，从左到右，从 1 开始顺序编号，即最左边一列磁盘从上到下依次为 1～4，最右边一列磁盘从上到下依次为 13～16。该 DSU 为 SPU 内置，有 16 个磁盘模块槽位，当前携带 5 块磁盘，如图 3-2-8 所示。

**02** 在设备树上选择"物理资源"→DSUs→DSU 节点，在"磁盘列表"标签页，可以查看 DSU 上所有的磁盘信息，包括名称、接口类型、转速、容量、当前状态、角色、所属存储池、所属 RAID、磁盘个数、磁盘总容量，如图 3-2-9 所示。

| 名称 | 接口类型 | 转速 | 容量 | 当前状态 | 角色 | 所属存储池 | 所属RAID |
|---|---|---|---|---|---|---|---|
| Disk-1:1:1:1 | SATA | N/A | 1,862GB | 正常 | 空白盘 | NULL | NULL |
| Disk-1:1:1:2 | SATA | N/A | 1,862GB | 正常 | 空白盘 | NULL | NULL |
| Disk-1:1:1:3 | SATA | N/A | 1,862GB | 正常 | 空白盘 | NULL | NULL |
| Disk-1:1:1:4 | SATA | N/A | 1,862GB | 正常 | 空白盘 | NULL | NULL |
| Disk-1:1:1:5 | SATA | N/A | 1,862GB | 正常 | 空白盘 | NULL | NULL |
| 总计：5个 | | | 9,310GB | | | | |

图 3-2-9 DSU 携带的磁盘列表

> **小贴士**
>
> 1）SPU 的存储控制器模块是整个存储系统的核心模块，负责存储设备的数据收发、处理和保护。
> 2）DSU-1:1:1 是 SPU 内置的 DSU，无单独的定位功能。

 巩 固 练 习

1. 简述如何查看 SP1 模块的物理端口列表，这些端口列表对应到 SP 模块正视图的哪些物理端口。

2. 简述如何查看 SP 日志，通过 SP 日志信息可以读出哪些信息，有何意义。

# 4

## 项 目

# 网络存储的基本认知与应用

>>>>>

## ◎ 项目导读

信息数据是人类存在和发展中"最为重要的财富",随着信息数据的增长和企业对信息数据重视程度的提升,传统的存储结构已经越来越不能满足数据存储在管理方面的需求。新的存储体系已经被广泛地研究和使用,如网络存储。

简言之,网络存储的目的是将存储设备从应用服务器中分离出来,以便集中管理。基于 iSCSI 协议的 IP-SAN 作为一种新兴的网络存储协议,目前已经成为网络存储的重要解决手段。iSCSI 协议融合了 SCSI 协议和 TCP/IP 协议,定义了从 SCSI 到 TCP/IP 的映射。

事实上网络存储的应用已经在对数据安全性要求较高的行业(如电信、金融、银行、证券)、对数据存储性能要求比较高的行业(如音视频、测绘行业)、具有超大型海量存储特性的行业(如图书馆、博物馆、税务、石油等)行业中得以广泛的普及。

本项目主要围绕网络存储的体系架构、存储体系架构的发展融合、网络存储技术、SCSI、iSCSI 协议、IP-SAN 组网以及典型应用等方面展开分析。

## ◎ 能力目标

- 了解存储的发展历程。
- 了解网络存储协议。
- 掌握 iSCSI 协议原理与应用。
- 掌握 IP-SAN 存储的基本应用场景。

任务 4.1 网络存储的基本应用

◎ 任务描述

iSCSI 磁盘阵列（也称 IP-SAN）是一个存储管理和应用系统，它通过各种互联技术将多台服务器与存储阵列连接在一起，利用在互联网 IP 网络上进行传输 SCSI 协议的技术来处理大量数据，以提高存储整体效能，所以叫 iSCSI 磁盘阵列，又称 IP-SAN 存储区域网。IP-SAN 的发展历程经历了以下几个阶段：①DAS（Direct Attached Storage）直连服务器存储阶段；②NAS（Network Attached Storage）网络存储阶段；③SAN（Storage Area Network）存储区域网络阶段，SAN 通常指 FC-SAN；④iSCSI（IP-SAN）存储区域网络阶段。

SAN 基于数据块进行存储和访问，比 NAS 的文件级操作效率要高很多。另外，光纤通道保证相对较高的数据吞吐量。应用服务器与 SAN 存储设备之间的光纤通信是通过主机总线适配器（HBA）来连接的。通常，服务器同时使用以太网卡和光纤通道 HBA 分别完成 LAN 和 SAN 的连接。SAN 的性能可靠、可扩展、易管理；但由于采用光纤通信价格较高，应用必然受到了一定的限制。

随着 IP 技术的高速发展和普及，一种基于 IP 网络/Ethernet 的高性能但价格低廉的新方法 Internet SCSI（iSCSI）应运而生，并为连接 SAN 提供了很多优势。

iSCSI 是一种流行的存储技术，同时也是光纤通道存储的有力竞争者。像光纤通道一样 iSCSI 也是一种基于 block 的块存储协议，它使用传统的以太网组件作为载体，连接服务器和存储设备。iSCSI 的部署成本通常很低，理由很简单，因为它可以借用已有的以太网设备。iSCSI 的工作原理是主机端用一个标为 Initiator 的 Client，通过 LAN 将 SCSI 命令发送给目标端的 SCSI 存储设备（目标端又称 Target）。

iSCSI 的 Initiator 可以基于软件，也可以是硬件。基于软件的 Initiator 通过调用 Hypervisor 虚拟化引擎内嵌的设备驱动，利用以太网适配器和以太网协议，将 I/O 信息发送给远端的 iSCSI Target 设备。

在 1 Gbit/s 网络环境下，iSCSI 的性能就已经非常不错了，而一旦切换到 10 Gbit/s 网络环境，性能还会有巨大的提升，完全可以媲美甚至超过 FC 光纤通道。大多数 Hypervisor 虚拟化引擎都支持 10 Gbit/s iSCSI，但目前部署 10 Gbit/s iSCSI 的成本还很高，价格几乎跟光纤通道一样。使用 iSCSI 最大的风险在于如果是基于软件的 Initiator，那么它会增加服务器端的 CPU 开销（使用硬件 Initiator，CPU 负载会小很多），同时它所依赖的以太网环境相对比较脆弱（容易受到干扰）且不稳定。解决网络冲突问题的方法其实很简单，只需要把 iSCSI 流量和其他网路流量做物理隔离就可以了。

iSCSI 存储的优势如下：

1）iSCSI 是光纤通道存储的低成本替代方案，它使用标准的以太网组件，iSCSI 磁盘阵列的价格通常也低于光纤阵列。

2）基于软件的 Initiator 简单易用而且非常便宜，基于硬件的 Initiator 则可以提供更好的性能。

3）像光纤通道一样，iSCSI 是基于 block 的块存储系统，在 VMware vSphere 环境下可以使用 VMFS 卷。

4）升级到 10 Gbit/s 以太网之后，速度和性能将有大幅度提升。

5）部署和管理 iSCSI 不需要特殊的培训和特殊技能。

6）部署起来比光纤通道更快。

◎ 任务目标

1. 了解发展历程。
2. 掌握 iSCSI 协议的原理与应用。
3. 掌握部署和管理 iSCSI 的基本应用场景。

◎ 设备环境

1. 多块 SATA 磁盘，型号为 WD 20PURX，容量为 2TB。
2. 多块磁盘模块。
3. 一台存储系统，型号为 MacroSAN MS 2510i（宏杉科技产品）。
4. 学生实训用计算机，Windows 7 操作系统，带有千兆以太网卡。
5. 通过局域网实现学生实训主机与存储系统的 IP 可达。

◀◀◀ 知　识 📖

知识 1　网络存储的发展历程

网络存储（IP-SAN）的发展大致经历了以下几个阶段。

（1）DAS

DAS（图 4-1-1）是传统的存储技术，最早的存储产品都是由于服务器上的磁盘空间不够急需扩展存储空间而设计的，也就是通过服务器直接连接外置扩展的磁盘阵列来实现存储空间的扩展，数据量很小。

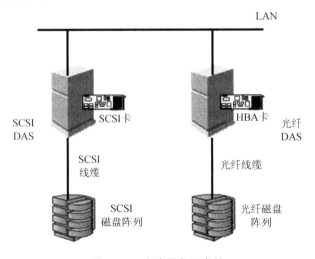

图 4-1-1　直连服务器存储

DAS 可以为小型系统提供快速的磁盘访问。缺点是管理成本高，距离有限制。且这些存储产品都是基于"服务器中心"结构的模式来开发，但随着互联网技术的发展和普及，数据量不断增多，势必引导存储产品向"数据中心"结构的模式发展，网络存储产品也相应地在这时产生。

（2）NAS

网络附加存储设备是以文件方式的技术在网络上传输数据的存储服务器，它与以太网络直接相连，各种文件服务器及网络工作站都可透过网络直接存取 NAS 上的数据。NAS（图 4-1-2）基于文件进行存储和访问，由于采用较成熟的 IP 网络技术，易用易学，维护和管理简单易行，每个存储点易控制，结构灵活，节省费用。缺点是，数据访问速度慢，应用数据库性能较差，不太容易扩展。网络存储的应用常常需要分散地增加存储容量，为满足要求，管理员必须增加更多的设备。在网络上增加设备会增加物理的复杂性和总拥有成本（TCO）。

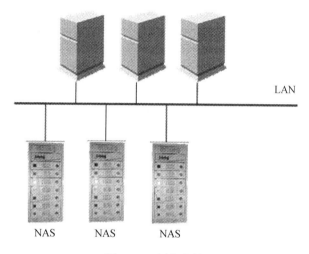

图 4-1-2　网络存储

随着互联网和网络技术的深入发展和广泛应用，各种应用服务器将不断增多，数据量在迅猛增长，管理复杂，对数据的传输速度和安全性要求更高，由于原来的存储技术都不能满足现在用户的应用需求，势必推出新的存储技术来满足市场，这将促进面向存储区域网络 SAN 的发展。

（3）SAN 阶段

SAN 通常指 FC-SAN。SAN（图 4-1-3）原来一般指以光纤技术为背景由各种光纤存储设备和管理软件组成的存储区域网络，所以通常称为 FC-SAN。它由专用的光纤网络构成（也称为 LAN 应用网络的第二子网），将应用服务器连接到存储设备并传输存储数据，但不增加企业或机构 LAN 网络的负荷。SAN 的通信传输采用数据传输协议中的 Fiber Channel。SAN 基于数据块进行存储和访问，比 NAS 的文件级操作效率要高很多。另外，光纤通道保证相对较高的数据吞吐量。应用服务器与 SAN 存储设备之间的光纤通信是通过主机总线适配器（HBA）来连接的。通常，服务器同时使用以太网卡和光纤通道 HBA 分别完成与 LAN 和 SAN 的连接。SAN 的性能可靠、可扩展、易管理，但由于采用光纤通信价格较高，应用必然受到了一定的限制。

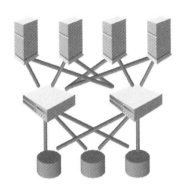

图 4-1-3　存储区域网络

随着 IP 技术的高速发展和普及，一种基于 IP 网络/Ethernet 的高性能但价格低廉的新方法 Internet SCSI（iSCSI）应运而生，并为连接 SAN 提供了很多优势。

（4）iSCSI 阶段

iSCSI 存储阵列的研发是基于 Intel iSCSI 内核技术实现的。iSCSI 是 SCSI over IP 的一项重要成就，已成为一个国际标准协议，是一个供硬件设备使用的可在 IP 协议的上层运行的 SCSI 指令集。iSCSI 实现在 IP 网络上运行 SCSI 协议，使 SCSI 数据块能够在诸如高速千兆以太网上进行传输。

iSCSI 是基于 IP 协议的技术标准，实现 SCSI 和 TCP/IP 协议的连接，使系统成为一个开放式架构的存储平台，系统组成十分灵活。同时，对于以局域网为网络环境的用户，只需较少的投资，就可方便、快捷地对信息和数据进行交互式传输和管理。

相对于其他的网络存储，iSCSI 具有低廉、开放、大容量、传输速度高、兼容、安全等诸多优点，其优越的性能使其自发布之始便受到市场的关注与青睐，它必将成为网络存储领域的核心技术之一。

iSCSI 可用来构建基于 IP 网络的 SAN，如图 4-1-4 所示。这一简单而又强大的技术可以帮助机构提供一个高速、低成本、远距离的存储解决方案，而且不需搭建新的网络，只要在原来的网络基础上增加部分硬件、软件即可组成高性能的 IP-SAN。

UNIX或Windows NT 客户端

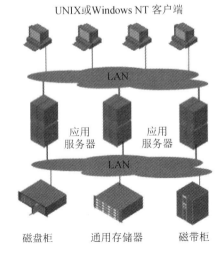

图 4-1-4　存储区域网络

## 知识 2　iSCSI 协议概述

　　SCSI 基于客户端/服务器架构，如图 4-1-5 所示。在 SCSI 术语里，客户端称为 Initiator，服务器端称为 Target。Initiator 通过 SCSI 通道向 Target 发送请求，Target 通过 SCSI 通道向 Initiator 发送响应。SCSI 通道连接基于 SCSI 接口、SCSI Initiator 接口和 SCSI Target 接口。Initiator 至少必须包括一个 SCSI 接口；Target 也需要包括一个 SCSI 接口及任务分发器和逻辑单元等。

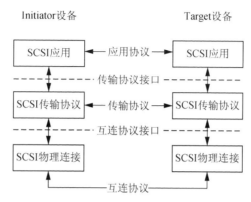

图 4-1-5　SCSI 客户端/服务器架构

　　Initiator 用一种称为 CDB（Command Descriptor Blocks）的数据结构封装请求，Initiator 的应用层封装好 SCSI CDB 后，调用 SCSI 传输协议接口，发送数据给 Target 的 SCSI 接口。Target 的应用层收到 SCSI CDB 后，根据 CDB 内容进行相应处理，封装好 SCSI 响应后，调用 SCSI 传输协议接口回应 Initiator，iSCSI 正是 SCSI 传输协议的一种。

　　iSCSI（Internet SCSI）是由 Internet Engineering Task Force（IETF）开发的网络存储标准，目的是用 IP 协议将存储设备连接在一起。通过在 IP 网上传送 SCSI 命令和数据，iSCSI 推动了数据在网际之间的传递，同时也促进了数据的远距离管理。由于其出色的数据传输能力，iSCSI 协议被认为是促进存储区域网（SAN）市场快速发展的关键因素之一。因为 IP 网络的广泛应用，iSCSI 能够在 LAN、WAN 甚至 Internet 上进行数据传送，使数据的存储不再受地域的限制。

　　iSCSI 又称为是一种基于网络及 SCSI-3 协议的存储技术，由 IETF 提出，并于 2003 年 2 月 11 日成为正式的标准。与传统的 SCSI 技术比较起来，iSCSI 技术有以下 3 个革命性的变化：

　　1）把原来只用于本机的 SCSI 协议透过 TCP/IP 网络传送，使连接距离可做无限的地域延伸。

　　2）连接的服务器数量无限（原来的 SCSI-3 的上限是 15）。

　　3）由于是服务器架构，因此也可以实现在线扩容及动态部署。

　　iSCSI 使用 TCP/IP 协议（一般使用 TCP 端口 860 和 3260）作为沟通的渠道。两台计算机之间利用 iSCSI 的协议来交换 SCSI 命令，让计算机可以通过高速的局域网来把 SAN 模拟成为本地的存储资源。

　　图 4-1-6 为比较简单的 IP-SAN 结构图，图中使用千兆以太网交换机搭建网络环境，由 iSCSI Initiator（如文件服务器），iSCSI Target（如磁盘阵列及磁带库）组成。在这里引入两

个概念：Initiator 和 Target。

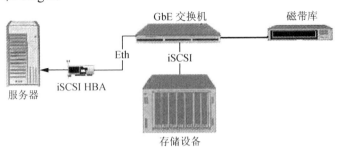

图 4-1-6　简单的 IP-SAN 结构图

　　Initiator 即典型的主机系统，发出读、写数据请求；Target 即磁盘阵列之类的存储资源，响应客户端的请求，如图 4-1-7 所示。这两个概念也就是上文提到的发送端及接收端。图 4-1-6 中使用 iSCSI HBA（Host Bus Adapter，主机总线适配卡）连接服务器和交换机，iSCSI HBA 包括网卡的功能，还需要支持 OSI 网络协议堆栈以实现协议转换的功能。在 IP-SAN 中还可以将基于 iSCSI 技术的磁带库直接连接到交换机上，通过存储管理软件实现简单、快速的数据备份。

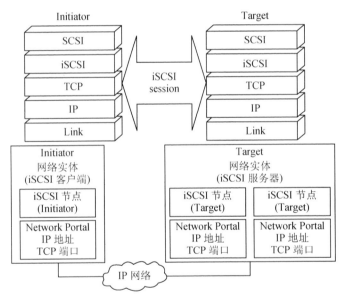

图 4-1-7　Initiator 和 Target 之间的 iSCSI Session

　　在 iSCSI 中使用网络实体这个概念，网络实体指的是连接 IP 网络的设备或网关。网络实体必须包含一个或多个网络入口，在一个网络实体中的 iSCSI 节点能够用其中的任意一个网络入口访问 IP 网络。iSCSI 节点是在网络实体中用名称标示的 Initiator 或 Target，一个 SCSI 设备就是该节点的 iSCSI 名称。

　　网络入口也是网络实体的重要组成部分，对于 Initiator 来说，网络入口就是它的 IP 地址。对于 Target 来说，其 IP 地址和 TCP 端口就是它的网络入口。iSCSI 服务器和客户端的组成部分如图 4-1-8 所示。

　　当 Initiator 和 Target 通信时，它们之间通过网络端口建立连接，Initiator 和 Target 之间的多个连接建立一个会话。

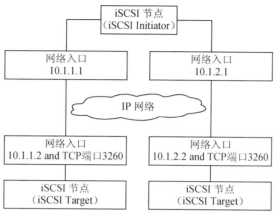

图 4-1-8　iSCSI 服务器和客户端的组成部分

（1）iSCSI 的实现方式

iSCSI 技术的实现主要有 3 种方式。

1）纯软件方式，如图 4-1-9 所示。

服务器采用普通以太网卡来进行网络连接，通过运行上层软件来实现 iSCSI 和 TCP/IP
协议栈功能层。

这种方式由于采用标准网卡，无需额外配置适配器，因此硬件成本最低。但是在这种
方式中，服务器在完成自身工作的同时，还要兼顾网络连接，造成主机运行时间加长，系
统性能下降。这种方式比较适合于预算较少，并且服务器负担数量不是很大的用户。

2）智能 iSCSI 网卡实现方式，如图 4-1-10 所示。

图 4-1-9　iSCSI 纯软件方式　　　　图 4-1-10　智能 iSCSI 网卡实现方式

在这种方式中，服务器采用特定的智能网卡来连接网络，TCP/IP 协议栈功能由该智能
网卡完成，而 iSCSI 层的功能仍旧由主机来完成。这种方式较前一种方式，提高了部分服
务器的性能。

3）iSCSI HBA 卡实现方式，如图 4-1-11 所示。

在这种方式中，使用 iSCSI 存储适配器来完成服务器中的 iSCSI 层和 TCP/IP 协议栈功

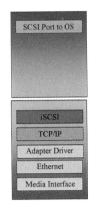

图 4-1-11 iSCSI HBA 卡实现方式

能。这种方式使得服务器 CPU 无需考虑 iSCSI 及网络配置，对于服务器而言，iSCSI 存储适配器是一个 HBA 设备，与服务器采用何种操作系统无关。该方式性能最好，但是价格也最为昂贵。为提高性能，主流存储厂商一般都采用第三种方式来实现 iSCSI。

（2）iSCSI 存储连接方式

我们分析了 iSCSI 存储的系统结构，现在来看 iSCSI 是如何与服务器、工作站等主机设备连接的，也就是说如何来建立一个 iSCSI 网络存储系统。

iSCSI 设备的主机接口一般默认都是 IP 接口，可以直接与以太网络交换机和 iSCSI 交换机连接，形成一个存储区域网络。根据主机端 HBA 卡、网络交换机的不同，iSCSI 设备与主机之间有 3 种常用连接方式。

1）以太网卡+Initiator 软件方式。服务器、工作站等主机使用标准的以太网卡，通过以太网线直接与以太网交换机连接，iSCSI 存储也通过以太网线连接到以太网交换机上，或直接连接到主机的以太网卡上。

在主机上安装 Initiator 软件。安装 Initiator 软件后，Initiator 软件可以将以太网卡虚拟为 iSCSI 卡，接收和发送 iSCSI 数据报文，从而实现主机和 iSCSI 设备之间的 iSCSI 协议和 TCP/IP 协议传输功能。

这种方式由于采用普通的标准以太网卡和以太网交换机，优点是无需额外配置适配器，因此硬件成本最低。

缺点是进行 iSCSI 报文和 TCP/IP 报文转换要利用主机端的一部分资源，不过在低 I/O 和低带宽性能要求的应用环境中可完全满足数据访问要求。

目前很多最新版本的常用操作系统都提供免费的 Initiator 软件，建立一个存储系统除了存储设备本身外，基本上不需要投入更多的资金，因此在三种系统连接方式中其建设成本是最低的。本实训采用以太网卡+Initiator 软件方式。

2）硬件 TOE 网卡+Initiator 软件方式。第一种方式由于采用普通以太网卡和以太网交换机，无需额外配置适配器，或专用的网络设备，因此硬件成本最低。但由于主机系统进行 iSCSI 报文和 TCP/IP 报文的打包和解包工作全部需要主机主处理器 CPU 来参与计算，数据传输率直接受到主机当前运行状态和可用资源的影响和限制，因此一般很难提供高带宽和高传输性能。

具有 TOE（TCP Offload Engine）功能的智能以太网卡可以将网络存储数据流量的处理工作全部转到网卡的集成处理器上进行，把系统主处理器 CPU 从忙于处理网络存储协议的繁重任务中解脱出来，主机只需承担 TCP/IP 控制信息的处理任务。

与第一种方式相比，采用 TOE 卡可以大幅度提高数据的传输速率。TCP/IP 协议栈功能由 TOE 卡完成，而 iSCSI 层的功能仍由主机来完成。

由于 TOE 卡也采用 TCP/IP 协议，相当于一块高性能的以太网卡，所以第二种连接方式也可以看作第一种连接方式的特殊情况。

3）iSCSI HBA 卡+iSCSI 交换机方式。这种连接方式需要在主机上安装专业的 iSCSI HBA 适配卡，从而实现主机与交换机之间、主机与存储之间的高效数据交换。

与前两种方式相比，第三种连接方式中采用了 iSCSI HBA 卡，因此数据传输性能最好，价格也最高。

后两种方式都需要在主机上安装专门的硬件板卡。由于目前 TOE 网卡和 iSCSI HBA 的市场价格都比较高，如果网络中主机数量比较多，那么网络总资金投入不一定会比 FC-SAN 存储系统低很多，网络的带宽和性能与 FC-SAN 存储系统相比却差了很多。

为什么这三种方式中都没有采用 iSCSI 交换机？实际上，我们能在市场上看到的 iSCSI 交换机都不是真正意义上交换机，所谓的 iSCSI 交换机应该称之为 iSCSI 协议转换器或者 iSCSI 桥接器。一部分端口用来连接主机的 iSCSI HBA 卡，另一部分端口用来连接 FC 存储或 SCSI 存储，只能实现存储设备与主机之间的 FC-iSCSI（或 SCSI-iSCSI）协议连接，不能实现 iSCSI-iSCSI 协议连接，其工作方式完全不同于以太网交换机或 FC 交换机那样，实现某一个协议内的互联互通。

因此 iSCSI 交换机一般都用作 iSCSI 存储内的控制器，而不是 iSCSI 存储与主机之间网络连接设备。

◀◀◀ 实 训

## 活动 1　Windows 7 环境下 iSCSI Initiator 的安装与配置

iSCSI 技术是一个供硬件设备使用的可以在 IP 协议的 TCP 层运行的 SCSI 指令集合，这种指令集合可以实现在 IP 网络上运行 SCSI 协议，使其能够在诸如高速千兆以太网上进行路由选择。iSCSI 技术是一种新存储技术，将现有 SCSI 接口与以太网络（Ethernet）技术结合，使服务器通过 IP 网络从存储设备上获取磁盘资源。

iSCSI 技术作为一种新存储技术，将现有 SCSI 接口与以太网络技术结合，使服务器可与使用 IP 网络的存储装置互相交换资料，在 Windows 7 控制面板中的"管理工具"对话框中，直接单击"iSCSI 发起程序"按钮，即可启动该服务；或者直接选择"开始"→"运行"命令，在弹出的"运行"对话框的"打开"文本框里输入"iSCSI 发起程序"，按 Enter 键，弹出"iSCSI 发起程序属性"对话框，如图 4-1-12 所示。

图 4-1-12　"iSCSI 发起程序属性"对话框

假设 IP 存储端已经创建好了存储资源，现在需要在 Windows 7 下通过"iSCSI 发起程序"来连接存储端已经创建的 iSCSI 目标资源，假设已经部署好的存储端的 IP 地址为172.18.9.7。在"iSCSI 发起程序属性"对话框的"目标"文本框中输入 172.18.9.7，单击"快速连接"按钮，如图 4-1-13 所示。

图 4-1-13    "iSCSI 发起程序属性"对话框

在打开的"快速连接"对话框中看到存储端配置好的 iSCSI Target，名称为 iqn.2010-05.com.macrosan.target:macrosan-1.0660，单击"完成"按钮，如图 4-1-14 所示。

此时，则在"已发现的目标"列表框中显示，名称为 iqn.2010-05.com.macrosan.target:macrosan-1.0660 的 Target，状态为已连接，如图 4-1-15 所示。

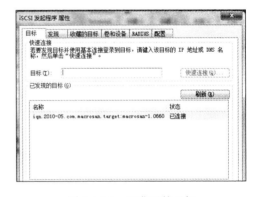

图 4-1-14    "快速连接"对话框                      图 4-1-15    已发现的目标

单击"发现"选项卡，在"目标门户"选项组中显示查找目标列表。下次打开 iSCSI 发起程序时，会自动从目标门户的列表中自动连接目标，如图 4-1-16 所示。

图 4-1-16    目标门户列表

单击"配置"选项卡，可发现发起程序的名称为 iqn.1991-05.com.microsoft:ms-2014102
91045，也就代表 iSCSI 客户端 Initiator 的名称。微软统一名称命名规则为 iqn.1991-05.com.
microsoft: ms-×××××××××××××，如图 4-1-17（a）所示，后面为随机生成的数字。
为了便于记忆和存储端维护、排错，可单击"更改"按钮，如图 4-1-17（b）所示。

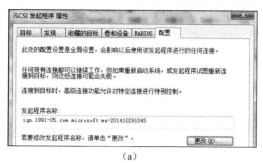

（a）

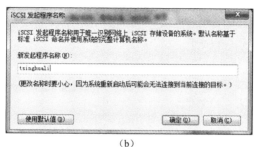

（b）

图 4-1-17    发现程序的名称

活动 2    Windows 7 环境下的磁盘管理

**01** 当"iSCSI 发起程序"与存储端的 Target 建立连接之后，我们就可以通过磁盘管
理来使用存储端分配过来的磁盘资源了，存储端分配了 100GB 的磁盘资源给客户端使用。
通过客户端的磁盘管理程序，可以发现在磁盘管理界面多出了一个新的磁盘 1，容量为
100GB，状态为尚未初始化，如图 4-1-18 所示。

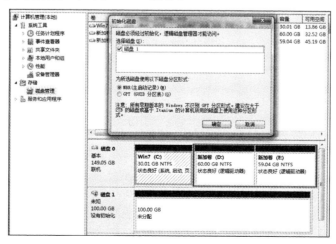

图 4-1-18    磁盘管理界面

**02** 对磁盘 1 进行初始化，显示磁盘 1 已经进入联机状态，如图 4-1-19 所示。

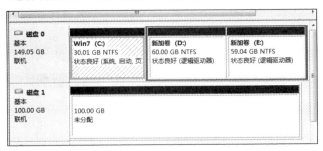

图 4-1-19　初始化磁盘

**03** 将磁盘 1 未分配空间进行新建卷，格式化为 NTFS 格式，格式化完成，可见一个全新的磁盘卷 G 已经可以使用了，容量为 100GB，如图 4-1-20 所示。

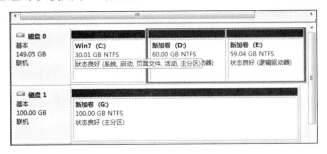

图 4-1-20　格式化磁盘

巩 固 练 习

1. 简述存储的发展历程。
2. 简述一个 iSCSI 网络存储系统的 3 种连接方式。
3. 简述在 Windows 7 环境下如何安装、配置 iSCSI Initiator。

## IP 网络环境中 IP-SAN 的部署

◎ **任务描述**

如何才能让中小企业用户也能够在数据存储方面投入少量资金而获得更大的存储空间和数据管理？网络存储是较好的解决方案，iSCSI 技术的出现，拉近了中小企业与 SAN（存储区域网）之间的距离。iSCSI 存储技术充分利用现有 IP 网络的普及性优势，允许用户通过 TCP/IP 网络来构建 IP-SAN，提高了众多中小企业对存储设备直接访问的能力，使中小企业也能组建自己的数据存储系统，并且在投入少量资金的情况下获得更好的资源共享、资源管理应用。

中小企业一般有多台服务器，运行 OA、小型 ERP、CRM、MIS 等多种应用，而且对于关键业务往往采用双机热备方式，同时业务不断发展对存储容量有很高的扩展需求。因此，中小企业在实际进行 IP-SAN 构建时，需要考虑多方面的因素，如选择产品档次、性能、存储方式、RAID 级别、安全性等。

传统的存储技术与成熟标准的 IP 技术结合，诞生了开放、融合和低成本的 IP-SAN 技术，为中小企业 IT 应用中存储系统的构建提供了更多更好的选择。有了 IP-SAN，中小企业在存储系统建设中，无需为 DAS 直连存储的资源分散、扩展性差、管理维护成本高等问题所困扰，也可以充分摆脱 FC-SAN 固有的协议封闭、成本高昂等顽疾。

◎ **任务目标**

1. 掌握 iSCSI 协议的原理与应用。
2. 掌握将 IP-SAN 存储设备部署到 IP 网络环境中的基本能力。

◎ **设备环境**

1. 多块 SATA 磁盘，型号为 WD 20PURX，容量为 2TB。
2. 多块磁盘模块。
3. 一台存储系统，型号为 MacroSAN MS 2510i（宏杉科技产品）。
4. 学生实训用计算机，Windows 7 操作系统，带有千兆以太网卡。
5. 通过局域网实现学生实训主机与存储系统的 IP 可达。

◀◀◀ **知 识** 📖

**知识** 将存储设备部署到 IP 网络环境的相关知识

ODSP_MSC 软件实现了 iSCSI Target、FC Target 等功能，支持客户端应用服务器基于 iSCSI、FC 等协议访问 ODSP 存储设备提供的存储空间。相应地，ODSP 存储设备的硬件平台提供了多种类型的前端业务接口，包括千兆以太网接口、FC 接口等，客户端应用服务器可通过千兆 IP 网络、FC 网络等访问 ODSP 存储设备。

ODSP 存储设备典型组网如图 4-2-1 所示。

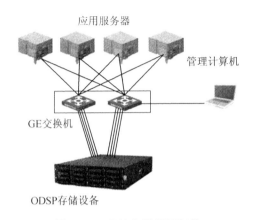

应用服务器

管理计算机

GE交换机

ODSP存储设备

图 4-2-1 存储典型组网拓扑

IP 网络是整个 IT 平台的基础，对业务协作、高性能计算、数据流提供基础传输平台的支撑。构建 IP-SAN 将极大增加关键数据的可应用价值，为后期数据的利用、保护提供了可运行的平台，同时也是业务整合的必然之选。

数据中心的构建将为分支部门提供支撑平台，FC 的数据传输方式是基于局域网架构的，同时由于其高昂的价格、复杂的架构、维护成本的居高不下、长距离的实现成本高等多方面的原因，不能承载新的业务形式下对广域环境下的数据存储和应用管理。

而基于 IP 网络的数据传输能够满足当前的需求，基于数据容灾传输需求日益明显，对于数据传送的距离、安全性、传输效率都提出了要求。基于 IP 网络的存储能够有效地满足当前的需求并组建灵活多变的解决方案，同时能够预留方案扩展的可能性。基于 IP 网络的存储没有兼容性方面的问题，集成度高，不需要非常专业的人员维护使用，并且具有较高的技术先进性，能够符合将来行业发展的方向，不容易过时和淘汰。

◀◀◀ 实 训

## 活动 1 配置 IP-SAN 存储设备的网络接口参数

**第 1 步** 管理网络，查看网口列表

通过单击 SP1 模块的物理端口列表，可以查询 SP 上所有物理端口的连接状态、协商速率及 IP 地址信息。

也可以在"系统管理"窗口的功能列表中选择"管理网络"，在配置区中展开"配置网络"配置项，如图 4-2-2 所示。

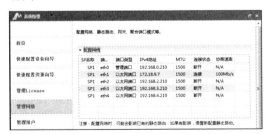

图 4-2-2 配置网络界面端口列表

**第 2 步** 管理网络，创建聚合口

ODSP 存储设备支持网口聚合功能，即把 2 个或 2 个以上物理网口绑定成 1 个聚合口。聚合口的成员不能绑定给 Target。

端口聚合的技术优势：

1）带宽增加。带宽相当于组成组的端口的带宽总和。

2）增加冗余。只要组内不是所有的端口都停掉，两个交换机之间仍然可以继续通信。

3）负载均衡。可以在组内的端口上配置，使流量可以在这些端口上自动进行负载均衡。

端口聚合可将多物理连接当作一个单一的逻辑连接来处理，允许设备之间通过多个端口并行连接同时传输数据以提供更高的带宽、更大的吞吐量和可恢复性的技术。一般来说，两个设备连接的最大带宽取决于媒介的连接速度（1000BAST-TX 双绞线为 1000MB/s，而使用端口聚合技术可以将 4 个 1000MB/s 的端口捆绑后成为一个高达 4GB/s 的连接速率）。

这一技术的优点是以较低的成本通过捆绑多端口提高带宽，而其增加的开销只是连接用的普通五类网线和多占用的端口，它可以有效地提高设备网卡的吞吐量，从而消除网络访问中的瓶颈。另外端口聚合还提供容错功能，即使端口聚合只有一个连接存在时，仍然会工作，这无形中增加了系统的可靠性。

在配置网口界面时，单击"创建聚合"按钮，打开"创建聚合端口"对话框，如图 4-2-3 所示；输入相关参数，参数说明参见表 4-2-1，单击"确定"按钮完成配置。

图 4-2-3    "创建聚合端口"对话框

**表 4-2-1    "创建聚合端口"对话框参数说明**

| 配置项参数 | 说　　明 |
| --- | --- |
| 聚合端口名称 | 指需要创建的聚合口 |
| IP 地址 | 指聚合端口的 IP 地址 |
| 子网掩码 | 指聚合端口的子网掩码 |
| MTU | 指聚合端口的 MTU，可设置为 1500、9000 |
| 网口列表 | 指所选 SP 的网口列表，可从列表中选择用于创建聚合端口的网口 |

系统仅支持删除未绑定给 Target 的聚合端口。

要将已经创建好的聚合端口 bond1 聚合端口删除单击"删除聚合端口"按钮，在打开

的"确认"对话框中单击"确定"按钮即可,如图 4-2-4 所示。

图 4-2-4 删除聚合端口界面

**第 3 步 配置聚合模式**

根据端口聚合的设置方式,端口聚合大致分为手工聚合和静态 LACP 聚合两种。

手工聚合和静态 LACP 聚合都是人为配置的聚合组,不允许系统自动添加或删除手工或静态聚合端口。手工聚合端口的 LACP 协议为关闭状态,禁止用户使能手工聚合端口的 LACP 协议。静态聚合端口的 LACP 协议为使能状态,当一个静态聚合组被删除时,其成员端口将形成一个或多个动态 LACP 聚合,并保持 LACP 使能。禁止用户关闭静态聚合端口的 LACP 协议。

在手工和静态聚合组中,端口可能处于两种状态:Active 和 Inactive。其中,只有 Active 状态的端口能够收发用户业务报文,而 Inactive 状态的端口不能收发用户业务报文。在一个聚合组中,处于 Active 状态的端口中的最小端口是聚合组的主端口,其他的作为成员端口。

在手工聚合组中,系统按照以下原则设置端口处于 Active 或 Inactive 状态: 端口因存在硬件限制(如不能跨板聚合)无法聚合在一起,而无法与处于 Active 状态的最小端口聚合的端口将处于 Inactive 状态;或者与处于 Active 状态的最小端口的基本配置不同的端口将处于 Inactive 状态。

ODSP 存储设备支持 Active-Backup、Balance-RR 等聚合模式,需要根据聚合的对端情况进行实际测试。

在"系统管理"窗口的功能列表中选择"管理网络"选项,在配置区中展开"配置聚合口模式"配置项,如图 4-2-5 所示,选择聚合模式,单击"应用"按钮完成配置。

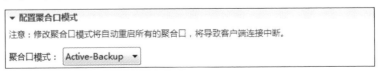

图 4-2-5 配置聚合模式界面

第 4 步　修改网口设置

如果类型是"聚合口成员"的网口，不能单独修改设置。

如果网络口已经绑定给 Target，不支持修改 IP 地址。

配置网络时，可能会影响已有的静态路由；如果有影响，请重新配置静态路由。

在配置网络界面中，选择需要修改的网口，单击"修改"按钮，打开"修改网络配置"对话框，如图 4-2-6 所示；输入相关参数，参数说明参见表 4-2-2，单击"确定"按钮完成配置。

图 4-2-6　"修改网络配置"对话框

表 4-2-2　"修改网络配置"对话框参数说明

| 配置项参数 | 说　　明 |
| --- | --- |
| IP 地址 | 指选中网口的 IP 地址 |
| 子网掩码 | 指选中网口的子网掩码 |
| MTU | 指选中网口的 MTU，可设置为 1500、9000 |

## 活动 2　配置 IP-SAN 存储设备的路由参数

### 1. 配置静态路由

静态路由是指由用户或网络管理员手工配置的路由信息。当网络的拓扑结构或链路的状态发生变化时，网络管理员需要手工去修改路由表中相关的静态路由信息。

静态路由信息在默认情况下是私有的，不会传递给其他的路由器。当然，网络管理员也可以通过对路由器进行设置使之成为共享的。静态路由一般适用于比较简单的网络环境，在这样的环境中，网络管理员易于清楚地了解网络的拓扑结构，便于设置正确的路由信息。

**01** 查看静态路由列表。

在"系统管理"窗口的功能列表中选择"管理网络"选项，在配置区中展开"配置静态路由"配置项，如图 4-2-7 所示，系统默认没有静态路由，当网络的拓扑结构或链路的状态发生变化时，如需要添加一条去往目的网段为 192.168.6.0/24，下一跳为 192.168.1.1 的静态路由，网络管理员需要手工去修改路由表中相关的静态路由信息，如图 4-2-8 所示。表 4-2-3 为"添加路由"对话框参数说明。

图 4-2-7　默认静态路由表

图 4-2-8　"添加路由"对话框

表 4-2-3　"添加路由"对话框参数说明

| 配置项参数 | 说　　　明 |
| --- | --- |
| SP 名称 | 指需要添加静态路由的 SP |
| 目标网段 | 指静态路由对应的目标网段 |
| 子网掩码 | 指静态路由对应的目标网段的掩码 |
| 网关地址 | 指当前需添加静态路由的网口的网关地址，即指定网口通过该网关地址与目标网段通信 |
| 指定端口 | 指当前需要添加静态路由的端口 |

配置静态路由成功后的路由列表如图 4-2-9 所示，通过这张表，可以协助管理员检测、维护因为路由方面导致的网络问题。

**02** 删除静态路由。

在配置静态路由界面中，选择需要删除的静态路由，单击"删除"按钮完成静态路由的删除，如图 4-2-10 所示。

图 4-2-9　配置静态路由成功后的路由列表

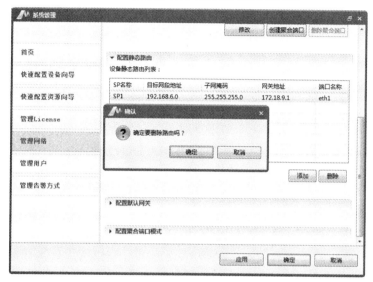

图 4-2-10　删除静态路由界面

## 2. 配置默认网关

配置默认网关可以在 IP 路由表中创建一个默认路径。一台设备可以有多个网关。默认网关的意思是一台设备如果找不到可用的网关，就把数据包发给默认指定的网关，由这个网关来处理数据包。

现在设备使用的网关一般指的是默认网关。 一台设备的默认网关是不可以随便指定的，必须正确地指定，否则设备就会将数据包发到错误的地址，从而无法与其他网络通信。默认网关一般通过手动设定。

在"系统管理"窗口的功能列表中选择"管理网络"选项，在配置区中展开"配置默认网关"配置项，添加默认网关地址即可，如图 4-2-11 所示。

图 4-2-11　配置默认网关界面

或者在"添加路由"对话框中，添加目标网段为 0.0.0.0，子网掩码为 0.0.0.0 的静态路由，如图 4-2-12 所示。

图 4-2-12  "添加路由"对话框

**小贴士**

目前，iSCSI 产品已经在欧美市场上掀起了一股新的浪潮。据非官方的统计数据显示，iSCSI 产品的市场占有率已经从前几年的 1%～2%，迅速提升至当前的 20%～30%。从目前情况看，随着技术和应用的不断成熟，iSCSI 产品的市场前景是十分广阔的。据 Gartner 和 IDC 的最新调查报告显示，iSCSI 市场将持续增长，iSCSI SAN 市场增长势头强劲。

iSCSI 是一个开放的、建立在庞大的 IP 网络之上的标准协议，标准化带来的结果就是继承和享受丰富的技术成果。IP 的飞速发展已经证明了标准化的威力，万兆（10GB）技术的普及已经近在眼前了，其带来的是存储网络链路带宽的全面革命，在其基础上目前已经出现了 10GB、20GB 和 40GB 的技术。

◀◀◀◀◀ **巩 固 练 习** ▶▶▶▶▶

1. 简述将存储设备部署到网络中需要做哪些方面的设置。
2. 简述存储设备端口聚合的优势有哪些。
3. 存储设备配置网关有何作用？简述两种配置网关的方法。

# 5

## 项 目

# 磁盘阵列的基本认知与应用

>>>>>

◎ **项目导读**

在计算机发展的初期，"大容量"磁盘的价格还相当高，解决数据存储安全性问题的主要方法是使用磁带机等设备进行备份，这种方法虽然可以保证数据的安全，但查阅和备份工作都相当烦琐。

1987年，Patterson、Gibson和Katz这三位工程师在加州大学伯克利分校发表了题为 *A Case of Redundant Array of Inexpensive Disks*（《廉价磁盘冗余阵列方案》）的论文，其基本思想是将多只容量较小的、相对廉价的磁盘驱动器进行有机组合，使其性能超过一只昂贵的大磁盘。

这一设计思想很快被接受，从此 RAID（Redundant Array of Independent Disks，独立磁盘冗余阵列）技术得到了广泛应用，数据存储进入了更快速、更安全、更廉价的新时代。

随着大容量磁盘的价格不断降低，个人计算机的性能不断提升，RAID作为磁盘性能改善的最廉价解决方案，开始走入一般用户的计算机系统。

◎ **能力目标**

- 了解 RAID 的由来与基本概念。
- 掌握 RAID 技术规范与解决方案。
- 掌握在 Windows 7 上创建简单卷、跨区卷、带区卷、镜像卷的基本能力。
- 掌握在 Windows Server 2003/2008 上创建简单卷、跨区卷、带区卷、镜像卷、RAID 5 卷的基本能力。
- 了解 RAID 新技术——CRAID 技术。

# 任务 5.1 Windows 环境下 RAID 技术的使用

◎ 任务描述

磁盘阵列作为独立系统在主机外直连或通过网络与主机相连，磁盘阵列有多个端口可以被不同主机或不同端口连接，一个主机连接阵列的不同端口可提升传输速度。

与当时计算机用单磁盘内部集成缓存一样，为加快其与主机的交互速度，在磁盘阵列内部都带有一定量的缓冲存储器。

在应用中，有部分常用的数据是需要经常读取的，磁盘阵列根据内部的算法，查找出这些经常读取的数据，存储在缓存中，加快主机读取这些数据的速度，而对于其他缓存中没有的数据，要读取它们时，则由阵列从磁盘上直接读取传输给主机。对于主机写入的数据，只写在缓存中，主机可以立即完成写操作，然后由缓存再慢慢写入磁盘。

磁盘阵列有两种方式可以实现，即"软件阵列"与"硬件阵列"。

软件阵列是指通过网络操作系统自身提供的磁盘管理功能将连接的普通 SCSI 卡上的多块磁盘配置成逻辑盘，组成阵列。软件阵列可以提供数据冗余功能，但是磁盘子系统的性能会有所降低，有的降低幅度还比较大，达 30%左右。本任务将围绕在 Windows 7 上创建简单卷、跨区卷、带区卷、镜像卷的案例来介绍如何创建 RAID 0 和 RAID 1，旨在培养大家掌握在 Windows Server 2003/2008 上创建简单卷、跨区卷、带区卷、镜像卷、RAID 5 卷的基本能力。

硬件阵列是使用专门的磁盘阵列卡来实现的。硬件阵列能够提供在线扩容、动态修改阵列级别、自动数据恢复、驱动器漫游、超高速缓冲等功能。它能提供性能、数据保护、可靠性、可用性和可管理性的解决方案。

◎ 任务目标

1. 掌握 RAID 基础知识、技术规范与解决方案。

2. 拥有在 Windows 7 上创建简单卷、跨区卷、带区卷、镜像卷的基本能力。

◎ 设备环境

1. 多块 SATA 磁盘，型号为 WD 20PURX，容量为 2TB。

2. 多块磁盘模块。

3. 一台存储系统，型号为 MacroSAN MS 2510i（宏杉科技产品）。

4. 学生实训用计算机，Windows 7 操作系统，带有千兆以太网卡。

5. 在实训主机上通过虚拟机安装 Windows Server 2003/2008 操作系统。

6. 通过局域网实现学生实训主机与存储系统的 IP 可达。

知识　RAID 的由来与技术规范

　　由加利福尼亚大学伯克利分校在 1987 年发表的文章 *A Case of Redundant Arrays of Inexpensive Disks* 中，谈到了 RAID 这个词汇，而且定义了 RAID 的 5 层级。伯克利大学研究目的是反映当时 CPU 快速的性能。研究小组希望能找出一种新的技术，在短期内，立即提升效能来平衡计算机的运算能力。在当时，伯克利研究小组的主要研究目的是效能与成本。

　　另外，研究小组也设计出容错（fault-tolerance）、逻辑数据备份（Logical Data Redundancy），而产生了 RAID 理论。研究初期，便宜的磁盘也是研究的重点，但后来发现，大量便宜磁盘组合并不能适用于现实的生产环境，后来采用了独立的磁盘组。

　　独立磁盘冗余阵列是把相同的数据存储在多个磁盘的不同的地方（冗余）的方法。通过把数据放在多个磁盘上，输入/输出操作能以平衡的方式交叠，改良性能。因为多个磁盘增加了平均故障间隔时间（MTBF），存储冗余数据也增加了容错。

　　RAID 技术主要包含 RAID 0～RAID 50 等数个规范，它们的侧重点各不相同，常见的规范有如下几种。

　　（1）RAID 0

　　RAID 0 是最早出现的 RAID 模式，即 Data Stripping 数据分条技术。RAID 0 是组建磁盘阵列中最简单的一种形式，只需要 2 块以上的磁盘即可，成本低，可以提高整个磁盘的性能和吞吐量。RAID 0 没有提供冗余或错误修复能力，但实现成本是最低的。

　　RAID 0 示意图大致如图 5-1-1 所示。

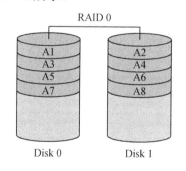

图 5-1-1　RAID 0 示意图

　　RAID 0 最简单的实现方式就是把 N 块同样的磁盘用硬件的形式通过智能磁盘控制器或用操作系统中的磁盘驱动程序以软件的方式串联在一起创建一个大的卷集。在使用中数据依次写入各块磁盘中，它的最大优点就是可以整倍地提高磁盘的容量。例如，使用了三块 80GB 的磁盘组建成 RAID 0 模式，那么磁盘容量就会是 240GB。在速度方面，其与各单独一块磁盘的速度完全相同。最大的缺点在于任何一块磁盘出现故障，整个系统将会受到破坏，可靠性仅为单独一块磁盘的 1/N。

　　为了解决这一问题，便出现了 RAID 0 的另一种模式，即在 N 块磁盘上选择合理的带区来创建带区集。其原理就是将原先顺序写入的数据分散到所有的四块磁盘中同时进行读写，四块磁盘的并行操作使同一时间内磁盘读写的速度提升了 4 倍。

在创建带区集时，合理地选择带区的大小非常重要。如果带区过大，可能一块磁盘上的带区空间就可以满足大部分的 I/O 操作，使数据的读写仍然只局限在少数的一两块磁盘上，不能充分地发挥出并行操作的优势。另一方面，如果带区过小，任何 I/O 指令都可能引发大量的读写操作，占用过多的控制器总线带宽。因此，在创建带区集时，我们应当根据实际应用的需要，慎重地选择带区的大小。

带区集虽然可以把数据均匀地分配到所有的磁盘上进行读写，但如果把所有的磁盘都连接到一个控制器上，可能会带来潜在的危害。这是因为当频繁进行读写操作时，很容易使控制器或总线的负荷超载。为了避免出现上述问题，建议用户可以使用多个磁盘控制器。最好的解决方法是为每一块磁盘都配备一个专门的磁盘控制器。

虽然 RAID 0 可以提供更多的空间和更好的性能，但是整个系统是非常不可靠的，如果出现故障，无法进行任何补救。所以，RAID 0 一般只是在那些对数据安全性要求不高的情况下才被人们使用。

（2）RAID 1

RAID 1 称为磁盘镜像，原理是把一个磁盘的数据镜像到另一个磁盘上，也就是说数据在写入一块磁盘的同时，会在另一块闲置的磁盘上生成镜像文件，在不影响性能的情况下最大限度地保证系统的可靠性和可修复性，只要系统中任何一对镜像盘中至少有一块磁盘可以使用，甚至可以在一半数量的磁盘出现问题时系统都可以正常运行，当一块磁盘失效时，系统会忽略该磁盘，转而使用剩余的镜像盘读写数据，具备很好的磁盘冗余能力。

虽然这样对数据来讲绝对安全，但是成本也会明显增加，磁盘利用率为 50%，以四块 80GB 容量的磁盘来讲，可利用的磁盘空间仅为 160GB。另外，出现磁盘故障的 RAID 系统不再可靠，应当及时地更换损坏的磁盘，否则剩余的镜像盘也出现问题，那么整个系统就会崩溃。更换新盘后原有数据会需要很长时间同步镜像，外界对数据的访问不会受到影响，只是这时整个系统的性能有所下降。因此，RAID 1 多用在保存关键性数据的场合。RAID 1 示意图如图 5-1-2 所示。

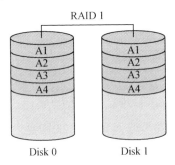

图 5-1-2　RAID 1 示意图

RAID 1 主要是通过二次读写实现磁盘镜像，所以磁盘控制器的负载也相当大，尤其是在需要频繁写入数据的环境中。为了避免出现性能瓶颈，使用多个磁盘控制器就显得很有必要。

（3）RAID 0+1

RAID 0+1 是 RAID 0 与 RAID 1 的结合体，如图 5-1-3 所示。在我们单独使用 RAID 1 也会出现类似单独使用 RAID 0 那样的问题，即在同一时间内只能向一块磁盘写入数据，不能充分利用所有的资源。为了解决这一问题，可以在磁盘镜像中建立带区集。因为这种配置方式综合了带区集和镜像的优势，所以被称为 RAID 0+1。

RAID 0+1 把 RAID 0 和 RAID 1 技术结合起来，数据除分布在多个盘上外，每个盘都有其物理镜像盘，提供全冗余能力，允许一个以下磁盘故障，而不影响数据可用性，并具有快速读/写能力。RAID 0+1 要在磁盘镜像中建立带区集至少 4 个磁盘。

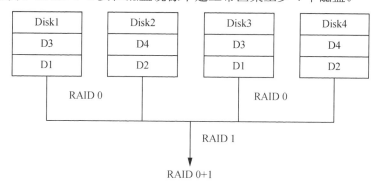

图 5-1-3 RAID 0+1 示意图

（4）RAID 2

从概念上讲，RAID 2 同 RAID 3 类似，两者都是将数据条块化分布于不同的磁盘上，条块单位为位或字节。然而 RAID 2 使用一定的编码技术来提供错误检查及恢复。这种编码技术需要多个磁盘存放检查及恢复信息，使得 RAID 2 技术实施更复杂。

因此，在商业环境中很少使用 RAID 2。各个磁盘上是数据的各个位，由一个数据不同的位运算得到的海明校验码可以保存另一组磁盘上，具体情况可参见图 5-1-4。由于海明码的特点，它可以在数据发生错误的情况下将错误校正，以保证输出的正确。

它的数据传送速率相当高，如果希望达到比较理想的速度，最好提高保存校验码 ECC 码的磁盘转速，对于控制器的设计来说，它又比 RAID 3、RAID 4 或 RAID 5 要简单。因为要利用海明码，必须要付出数据冗余的代价。输出数据的速率与驱动器组中速度最慢的相等。

（5）RAID 3

如图 5-1-4 所示，这种校验码与 RAID 2 不同，只能查错不能纠错。它访问数据时一次处理一个带区，这样可以提高读取和写入速度，它像 RAID 0 一样以并行的方式来存放数据，但速度没有 RAID 0 快。校验码在写入数据时产生并保存在另一个磁盘上。

需要实现时用户必须要有 3 个以上的驱动器，写入速率与读出速率都很高，由于校验位比较少，因此计算时间相对而言比较少。用软件实现 RAID 控制将是十分困难的，控制器的实现也不是很容易。它主要用于图形（包括动画）等要求吞吐率比较高的场合。

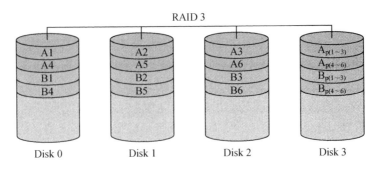

图 5-1-4　RAID 3 示意图

不同于 RAID 2，RAID 3 使用单块磁盘存放奇偶校验信息。如果一块磁盘失效，奇偶盘及其他数据盘可以重新产生数据。如果奇偶盘失效，则不影响数据使用。RAID 3 对于大量的连续数据可提供很好的传输率，但对于随机数据，奇偶盘会成为写操作的瓶颈。利用单独的校验盘来保护数据虽然没有镜像的安全性高，但是磁盘利用率得到了很大的提高，为 n−1。

（6）RAID 4

RAID 4 和 RAID 3 很像，不同的是，它对数据的访问是按数据块进行的，也就是按磁盘进行的，每次是一个盘。在图上可以这么看，RAID 3 是一次一横条，而 RAID 4 是一次一竖条。它的特点和 RAID 3 也很像，不过在失败恢复时，它的难度可要比 RAID 3 大得多，控制器的设计难度也要大许多，而且访问数据的效率不高。RAID 4 示意图如图 5-1-5 所示。

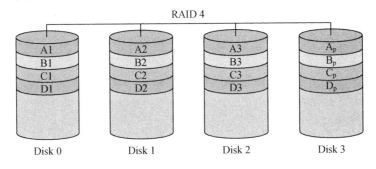

图 5-1-5　RAID 4 示意图

（7）RAID 5

RAID 5 是分布式奇偶校验的独立磁盘结构，从图 5-1-6 上可以看到，它的奇偶校验码存在于所有磁盘上，其中的 p 代表第 0 带区的奇偶校验值。RAID 5 的读出效率很高，写入效率一般，块式的集体访问效率不错。因为奇偶校验码在不同的磁盘上，所以提高了可靠性。但是它对数据传输的并行性解决不好，而且控制器的设计也相当困难。RAID 3 与 RAID 5 相比，重要的区别在于 RAID 3 每进行一次数据传输，需涉及所有的阵列盘。而对于 RAID 5 来说，大部分数据传输只对一块磁盘操作，可进行并行操作。在 RAID 5 中有"写损失"，即每一次写操作，将产生四个实际的读/写操作，其中两次读旧的数据及奇偶信息，两次写新的数据及奇偶信息。

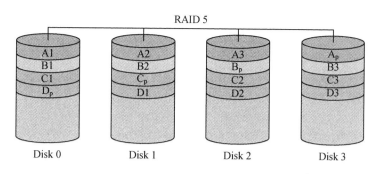

图 5-1-6　RAID 5 示意图

（8）RAID 7

RAID 7 是优化的高速数据传送磁盘结构，RAID 7 所有的 I/O 传送均是同步进行的，可以分别控制，这样提高了系统的并行性，提高系统访问数据的速度；每个磁盘都带有高速缓冲存储器，实时操作系统可以使用任何实时操作芯片，以满足不同实时系统的需要。允许使用 SNMP 协议进行管理和监视，可以对校验区指定独立的传送信道以提高效率。

可以连接多台主机，因为加入高速缓冲存储器，当多用户访问系统时，访问时间几乎接近于 0。由于采用并行结构，因此数据访问效率大大提高。需要注意的是它引入了高速缓冲存储器，这有利有弊，因为一旦系统断电，在高速缓冲存储器内的数据就会全部丢失，因此需要和 UPS 一起工作。另外，RAID 7 的价格非常昂贵。

（9）RAID 10

RAID 10 是高可靠性与高效磁盘结构，这种结构无非是一个带区结构加一个镜像结构，如图 5-1-7 所示。因为两种结构各有优缺点，所以可以相互补充，达到既高效又高速的目的。可以结合两种结构的优点和缺点来理解这种新结构。这种新结构的价格高，可扩充性不好，主要用于数据容量不大，但要求速度和差错控制的数据库中。

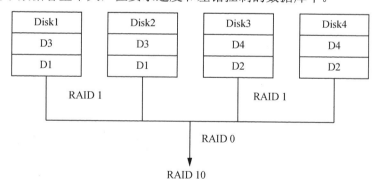

图 5-1-7　RAID 10 示意图

（10）RAID 53

RAID 53 是高效数据传送磁盘结构，是对前面结构的一种重复和再利用，这种结构就是 RAID 3 和带区结构的统一，因此它速度比较快，也有容错功能。但其价格十分高，不易于实现，这是因为所有的数据必须经过带区和按位存储两种方法，在考虑到效率的情况下，不容易实现这些磁盘的同步。

实 训

活动 1　在 Windows 7 下应用 RAID 技术

1. 初始化磁盘资源，将其转化为动态磁盘

假设我们已经在存储管理端为是客户端准备了可以访问的逻辑存储资源，存储端通过部署 LUN 资源给客户端分配 4 个 100GB 的存储资源，以便在客户端上创建磁盘资源，部署 RAID。

假设 IP 存储端已经创建好了存储资源，现在需要在 Windows 7 下通过 "iSCSI 发起程序" 来连接存储端已经创建的 iSCSI 目标资源，假设已经部署好的存储端的 IP 地址为172.18.9.7。在 "iSCSI 发起程序属性" 对话框的 "目标" 文本框中，输入 172.18.9.7，单击"快速连接" 按钮。当 "iSCSI 发起程序连接" 成功后，"iSCSI 发起程序" 与存储端的 Target 建立连接，我们就可以通过磁盘管理来使用存储端分配过来的磁盘资源了，存储端分配了4 个 100GB 的磁盘资源给客户端使用。通过客户端的磁盘管理程序，可以发现在磁盘管理界面多出了 4 个新的磁盘，容量均为 100GB，状态尚未初始化。

此时，需要对磁盘进行初始化，逻辑磁盘才能被访问。那么我们勾选 4 个磁盘，选择为磁盘使用 GPT 分区形式，如图 5-1-8 所示。初始化磁盘之后，可以发现 4 个 100GB 的磁盘已经显示为联机状态，如图 5-1-9 所示。

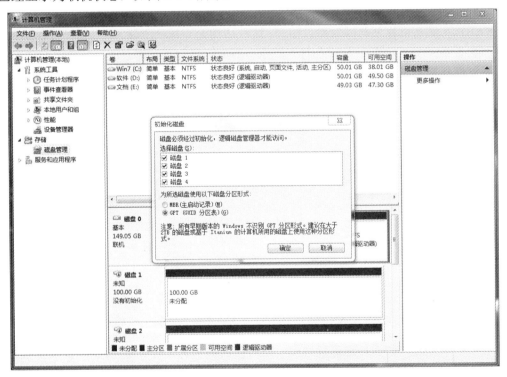

图 5-1-8　初始化磁盘资源

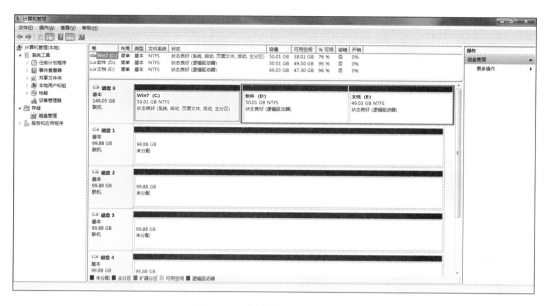

图 5-1-9　初始化后的磁盘资源

在 Windows 系统中，默认状态下，系统将磁盘自动初始化为基本磁盘。但我们不能在基本磁盘分区中创建新卷集、条带集或者 RAID 5 组，只能在动态磁盘上创建类似的磁盘配置。故动态磁盘与基本磁盘比较，有更多的优越性。可以在 Windows 系统下，将基本磁盘转换为动态磁盘，具体操作方法如下。

在需要转换成动态磁盘的磁盘上右击，在弹出的快捷菜单中选择"转换到动态磁盘"命令，打开"转换为动态磁盘"对话框，勾选需要转换成动态磁盘的"磁盘 1"、"磁盘 2"、"磁盘 3"、"磁盘 4"复选框，如图 5-1-10 所示。

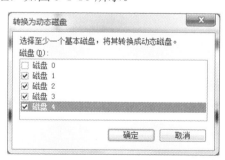

图 5-1-10　"转换为动态磁盘"对话框

## 2. 创建"简单卷"

在动态磁盘上可以创建"简单卷"，其功能和操作都与基本磁盘的分区比较类似，具体操作方法如下。

**01** 在动态磁盘未分配的空间上右击，在弹出的快捷菜单中选择"新建简单卷向导"命令，打开"新建简单向导"对话框，在"指定卷大小"界面标示了最大、最小磁盘空间量，同时可以指定新建简单卷的大小，例如，此时新建一个 10GB 容量的简单卷，在"简单卷大小"文本框中输入 10240MB，代表 10GB，单击"下一步"按钮，如图 5-1-11 所示。

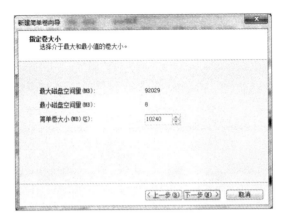

图 5-1-11　"新建简单卷向导"对话框

**02**　在"分配驱动器号和路径"界面，在"分配以下驱动器号"下拉列表框中可选择指定的驱动器号，这里选择驱动器号"H"，如图 5-1-12 所示。然后单击"下一步"按钮，打开"格式化分区"界面，选择用 NTFS 文件系统格式化这个磁盘卷，在"文件系统"下拉列表框中选择"NTFS"，在"分配单元大小"下拉列表框中选择"默认值"，勾选"执行快速格式化"复选框，如图 5-1-13 所示。

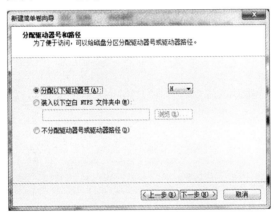

图 5-1-12　分配驱动器号和路径

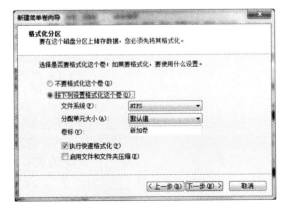

图 5-1-13　格式化分区

**03** 单击"下一步"按钮之后，弹出一个对话框，提示完成新建卷的创建，单击"完成"按钮，在"磁盘管理"中可以看到格式化中的简单卷（H:），如图 5-1-14 所示。

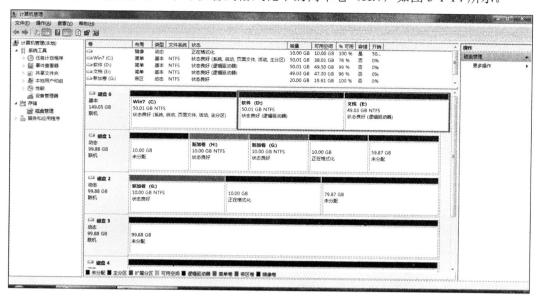

图 5-1-14　磁盘管理-简单卷（H:）

### 3. 创建"带区卷"

"带区卷"是通过将 2 个或更多磁盘上的可用空间区域合并到一个逻辑卷而创建的。"带区卷"使用 RAID 0，从而可以在多个磁盘上分布数据。"带区卷"不能被扩展或镜像，并且不提供容错功能。如果包含"带区卷"的其中一个磁盘出现故障，则整个卷无法工作，创建动态磁盘"带区卷"的具体操作方法如下。

**01** 在动态磁盘"磁盘 1"的未分配空间上右击，在弹出的快捷菜单中选择"新建卷向导"命令打开"新建卷向导"对话框，在"选择卷类型"对话框中选中"带区"单选按钮，单击"下一步"按钮，在打开的"新建带区卷"对话框中，将"磁盘 2"选项添加到"已选的"磁盘列表中，如图 5-1-15 所示。

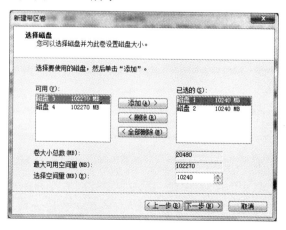

图 5-1-15　新建带区卷-选择磁盘

**02** 通过这个分配方案，我们选择了在磁盘 1、磁盘 2 上分别分配了一个 10GB 的磁盘空间，此刻卷大小总数为 20480MB，也就是 20GB 的容量。单击"下一步"按钮，进入"分配驱动器号和路径"界面，在"分配以下驱动号"下拉列表框中选择"G"，如图 5-1-16 所示。单击"下一步"按钮，进入"卷区格式化"界面，选择用 NTFS 文件系统格式化这个磁盘卷，在"文件系统"下拉列表框中选择"NTFS"，在"分配单元大小"下拉列表框中选择"默认值"，勾选"执行快速格式化"复选框，如图 5-1-17 所示。

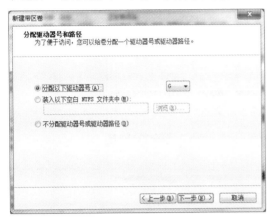

图 5-1-16  新建带区卷-分配驱动器号和路径

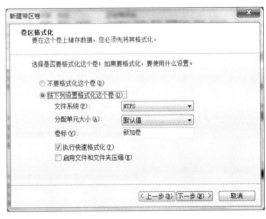

图 5-1-17  新建带区卷-卷区格式化

**03** 按提示进行"下一步"操作，完成"带区卷"的创建以后，会发现一个驱动器号"G:"跨越两个磁盘"磁盘 1"和"磁盘 2"的效果如图 5-1-18 所示，容量为 20GB。

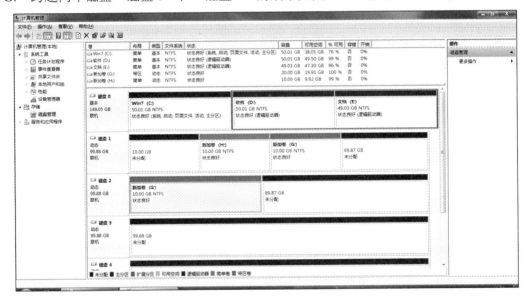

图 5-1-18  带区卷创建完成

**04** 带区卷测试：在文件夹视图中，通过资源管理器打开新加卷（G:），并在 G 盘的根目录下创建一个名称为 HelloWorld 的记事本文件，写入文字内容 HelloWorld，如图 5-1-19 所示。

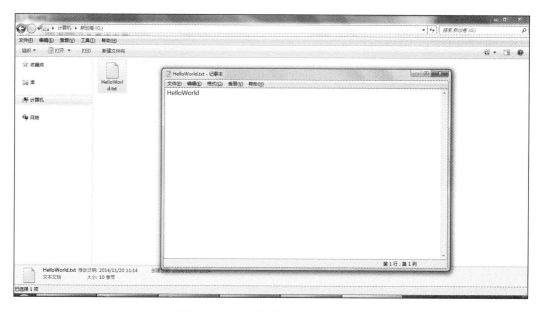

图 5-1-19　在新加卷（G:）写入文件

当磁盘 2 出现故障，显示为脱机状态时，再次查看磁盘管理器界面，此时发现新加卷（G:）已经不存在了，资源管理器界面新加卷（G:）也消失了。由此可见，基于 RAID 0 的"带区卷"虽可以在多个磁盘上分布数据，但不提供容错功能。如果包含"带区卷"的其中一个磁盘出现故障，则整个卷无法工作，如图 5-1-20 和图 5-1-21 所示。

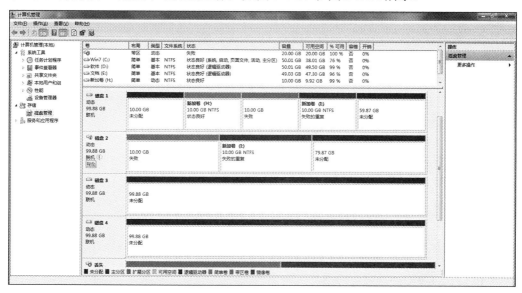

图 5-1-20　磁盘管理界面无（G:）带区卷

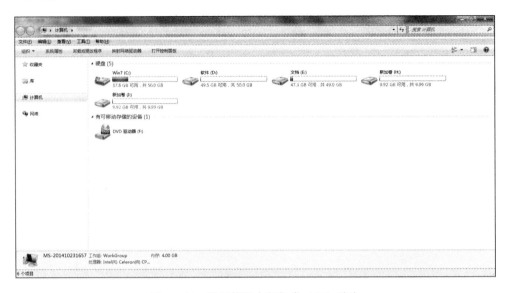

图 5-1-21　资源管理中新加卷（G:）消失

**4．创建"镜像卷"**

镜像卷是具有容错能力的卷，它通过使用卷的两个副本或镜像复制存储在卷上的数据。写入镜像卷上的所有数据都写入位于独立的物理磁盘上的两个镜像中。如果其中一个物理磁盘出现故障，在该故障磁盘上的数据将不可用，但是系统可以使用未受影响的磁盘继续操作，创建动态磁盘"镜像卷"的具体操作方法如下。

**01**　在此，我们为镜像卷规划一个分配方案，选择了在磁盘 1、磁盘 2 上分别分配了一个 10GB 的磁盘空间，在动态磁盘"磁盘 1"的未分配空间上右击，在弹出的快捷菜单中选择"新建卷向导"命令打开"新建卷向导"对话框，在"选择卷类型"对话框中选中"镜像"单选按钮，单击"下一步"按钮在打开的"新建镜像卷"对话框中，将可用"磁盘 2"选项添加到"已选的"磁盘列表中，看到卷大小总数为 10240MB，也就是 10GB 的容量，可以看出镜像卷的磁盘利用率为 50%，如图 5-1-22 所示。

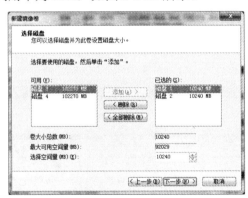

图 5-1-22　选择磁盘 2

**02**　单击"下一步"按钮，进入"分配驱动器号和路径"界面，在"分配以下驱动号"下拉列表框中选择"I"。单击"下一步"按钮，进入"卷区格式化"界面，选择用 NTFS

文件系统格式化这个磁盘卷，在"文件系统"下拉列表框中选择"NTFS"，在"分配单元大小"下拉列表框中选择"默认值"，勾选"执行快速格式化"复选框，如图 5-1-23 和图 5-1-24 所示。

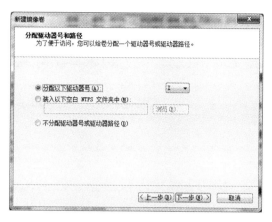

图 5-1-23　分配驱动器号（I:）

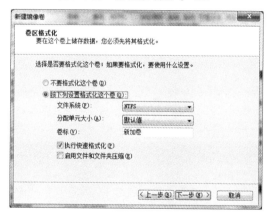

图 5-1-24　格式化卷区（I:）

镜像卷完成之后的信息如下：卷类型为镜像；参与镜像卷的磁盘有磁盘 1、磁盘 2，卷大小为 10GB，卷的驱动器号为 I；卷的文件系统为 NTFS，如图 5-1-25 和图 5-1-26 所示。

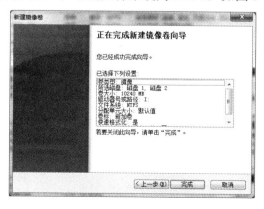

图 5-1-25　镜像卷完成向导

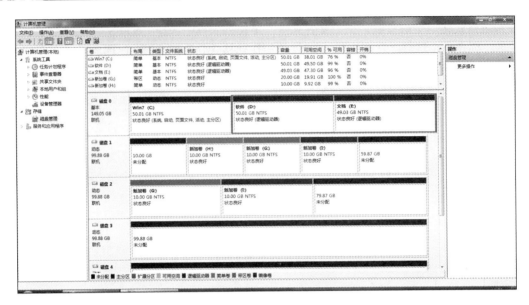

图 5-1-26　磁盘管理器-镜像卷

**03** 完成了镜像卷的创建之后，进行镜像卷测试，同样通过打开资源管理器，在镜像卷 I 盘的根目录下创建一个名称为 HelloWorld 的记事本文件，写入文字内容 HelloWorld，如图 5-1-27 所示。

图 5-1-27　资源管理器（I:）写入文件

**04** 当磁盘 2 出现故障，显示为脱机状态时，再次查看磁盘管理器界面，此时发现新加卷（I:）依然存在，资源管理器界面新加卷（I:）也依然存在，如图 5-1-28 所示。由此可见，基于 RAID 1 的"镜像卷"是具有容错能力的卷。

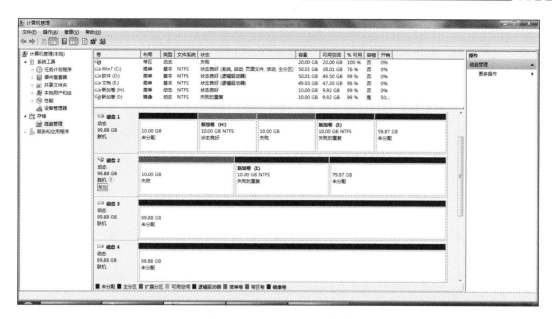

图 5-1-28　RAID1（I:）容错

此时再次打开在新加卷（I:）下写入的文件，不受影响，如图 5-1-29 所示。

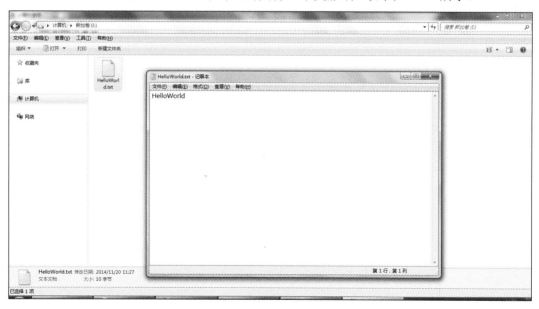

图 5-1-29　资源管理器（I:）里的文件

活动 2　在 Windows Server 2003/2008 下应用 RAID 技术

硬 RAID 解决方案速度快、稳定性好，可以有效地提供高水平的磁盘可用性和冗余度，但是居高不下的价格实在令人可畏。不过值得庆幸的是，Windows Server 2003/2008 提供了内嵌的软件 RAID 功能，并且软 RAID 可以实现 RAID 0、RAID 1、RAID 5。

软 RAID 不仅实现上非常方便，而且还节约了宝贵的资金，确实是 Windows Server

2003/2008 的一个很实用的新功能。RAID 5 卷是数据和奇偶校验间断分布在三个或更多物理磁盘的容错卷。如果物理磁盘的某一部分失败，我们可以用余下的数据和奇偶校验重新创建磁盘上失败的那一部分上的数据。但是 RAID 5 却不能在 Windows 7 环境下支持。

对于多数活动由读取数据构成的计算机环境中的数据冗余来说，RAID 5 卷是一种很好的解决方案。可使用基于硬件或基于软件的解决方案来创建 RAID 5 卷。通过基于硬件的 RAID，智能磁盘控制器处理组成 RAID 5 卷的磁盘上的冗余信息的创建和重新生成。

Windows Server 2003/2008 家族操作系统提供基于软件的 RAID，其中 RAID 5 卷中的磁盘上的信息的创建和重新生成将由"磁盘管理"来处理，两种情况下数据都将跨磁盘阵列中的所有成员进行存储。当然，软 RAID 的性能和效率是不能与硬 RAID 相提并论的，硬 RAID 的相关内容将在任务 5.2 做详细描述。

那么本任务将介绍在 Windows Server 2008 环境下如何部署实现 RAID，Windows Server 2003 的部署与 Windows Server 2008 大致一样。

假设介绍已经在存储管理端为客户端准备了可以访问的逻辑存储资源，存储端通过部署 LUN 资源给客户端分配 4 个 100GB 的存储资源，以便在客户端上创建磁盘资源，部署 RAID。通过对项目 4 的学习，已经掌握了 Windows 7 环境下 iSCSI Initiator 的安装、配置。在 Windows Server 2008 环境下，iSCSI Initiator 的安装、配置与 Windows 7 大致一致。

假设 IP 存储端已经创建好了存储资源，现在需要在 Windows Sever 2008 下通过"iSCSI 发起程序"来连接存储端已经创建的 iSCSI 目标资源，假设已经部署好的存储端的 IP 地址为 172.18.9.7。

在"iSCSI 发起程序连接"成功后，当"iSCSI 发起程序"与存储端的 Target 建立连接之后，我们就可以通过磁盘管理来使用存储端分配过来的磁盘资源了，存储端分配了 4 个 100GB 的磁盘资源给客户端使用。通过客户端的磁盘管理程序，我们可以发现在磁盘管理界面多出了 4 个新的磁盘，容量均为 100GB，状态尚未初始化。

在 Windows Server 2008 环境下创建简单卷、基于 RAID 0 的带区卷、基于 RAID 1 的镜像卷的步骤大致与 Windows 7 一致，在此不再赘述基于 RAID 0 的带区卷、基于 RAID 1 的镜像卷的创建步骤了。

### 第1步　从存储端获取磁盘资源

**01**　选择"开始"→"运行"命令，在打开的"运行"对话框的"打开"文本框中输入"iSCSI 发起程序"，按 Enter 键，弹出"iSCSI 发起程序属性"对话框。在"iSCSI 发起程序属性"对话框的"目标"文本框中，输入 172.18.9.7，单击"快速连接"按钮，如图 5-1-30 所示。

**02**　选中"已发现的目标"列表框中的"chenhn-windows08r2"选项，单击"连接"按钮，发现存储端的目标名称为 chenhn-windows08r2，单击"确定"按钮，返回"iSCSI 发起程序属性"对话框，发现目标名称为 chenhn-windows08r2 的状态由"不活动"变成了"已连接"，如图 5-1-31 和图 5-1-32 所示。此时，可以确定通过存储端配置的 4 个 100GB 的磁盘资源已经可以用了。

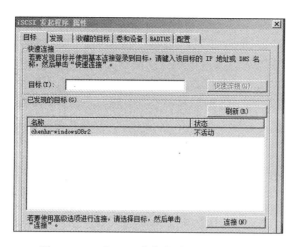

图 5-1-30　"iSCSI 发起程序属性"对话框

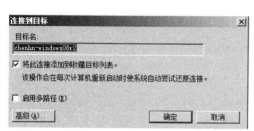

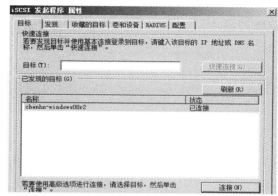

图 5-1-31　iSCSI 连接到目标　　　　　　　　图 5-1-32　iSCSI 连接目标的状态

**03** 初始化磁盘并将其转换为动态磁盘，如图 5-1-33 和图 5-1-34 所示。

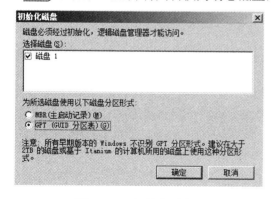

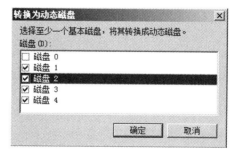

图 5-1-33　初始化磁盘 1　　　　　　　　图 5-1-34　将基本磁盘转换为动态磁盘

**第2步　创建 RAID 5 卷**

查看已经转换后的动态磁盘资源，磁盘 1、磁盘 2、磁盘 3、磁盘 4 的容量均为 100GB，显示为联机状态,为创建 RAID 5 卷做准备。创建动态磁盘 RAID 5 卷的具体操作方法如下。

**01** 至少需要 3 个(但最多不能超过 32 个)动态磁盘才能创建一个 RAID 5 卷。RAID 5 卷提供容错能力,但需要为该卷额外增加一个磁盘。例如,如果使用 3 个 10GB 磁盘创建一个 RAID 5 卷,则该卷将拥有 20GB 的容量,剩余的 10GB 用于奇偶校验,由此可见,在 3 个磁盘做 RAID 5 卷的情况,磁盘利用率为 2/3。在磁盘 1 上的未分配空间右击,在弹出的快捷菜单中选择“新建 RAID-5 卷”,并将磁盘 2、磁盘 3 添加到 RAID 5 卷,如图 5-1-35 和图 5-1-36 所示。

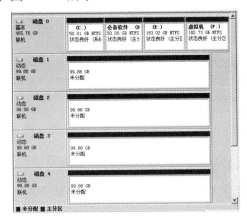

图 5-1-35　动态磁盘未分配资源

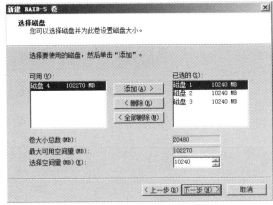

图 5-1-36　“新建 RAID-5 卷”对话框

**02** 单击“下一步”按钮,进入“分配驱动器号和路径”界面,然后选择驱动器号“H”,如图 5-1-37 所示。单击“下一步”按钮,进入“卷区格式化”界面,选择以 NTFS 文件系统格式化 H 卷,如图 5-1-38 所示。

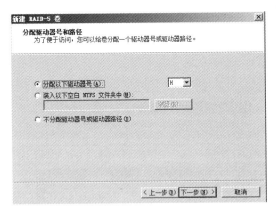

图 5-1-37　RAID 5 卷分配驱动器号和路径

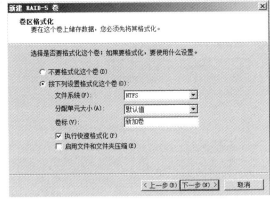

图 5-1-38　RAID 5 卷卷区格式化

**03** 按提示进行“下一步”操作,进入“正在完成新建 RAID-5 卷向导”界面,从该向导可以读出以下信息:卷类型为 RAID-5,参与卷的磁盘为磁盘 1、磁盘 2、磁盘 3,卷大小为 20GB,驱动器号为“H”,文件系统为 NTFS 等,如图 5-1-39 所示。完成 RAID 5 卷的创建以后,会发现一个驱动器号“H”跨越三个磁盘“磁盘 1”、“磁盘 2”和“磁盘 3”在 RAID 5 卷中,同一驱动器号的卷空间都是 10GB 的,效果如图 5-1-40 所示。

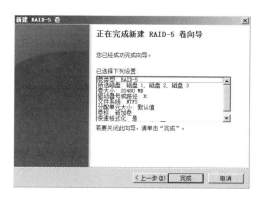

图 5-1-39  RAID 5 卷完成向导

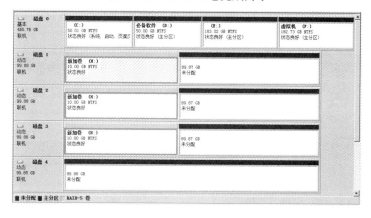

图 5-1-40  RAID 5 卷跨越磁盘信息

**第 3 步  RAID 5 卷容错测试**

我们选择一个已经做好了 RAID 5 卷的磁盘卷来测试。此时我们选择的是在 Windows Server 2003 环境下形成的 RAID 5 卷。

**01** 在磁盘管理界面中可以看到一个全新的 RAID 5 卷已经创建好，信息如下：新加卷（I:），如图 5-1-41 和图 5-1-42 所示。

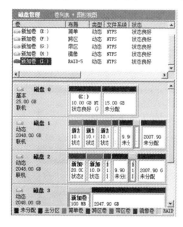

图 5-1-41  RAID 5 卷（I:）

图 5-1-42  资源管理器 RAID 5 卷（I:）

113

**02** 在新加卷（I:）根目录下写入记事本文件 HelloWord，如图 5-1-43 所示。

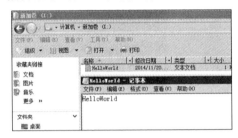

图 5-1-43　在 RAID 卷（I:）写入文件

**03** 磁盘管理界面中在参与 RAID 5 卷的磁盘 3 上右击，在弹出快捷菜单中选择"脱机"命令，将磁盘 3 置于脱机状态，那么此刻将考验 RAID 5 卷的容错了，如图 5-1-44 和图 5-1-45 所示。

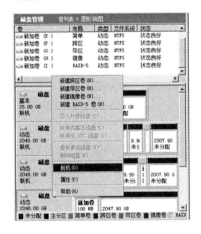

图 5-1-44　将磁盘 3 脱机

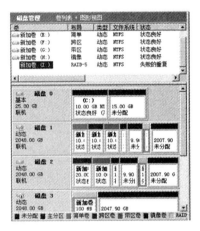

图 5-1-45　磁盘 3 脱机状态

**04** 在 RAID 5 卷上右击，在弹出快捷菜单中选择"修复卷"按钮，选择下面所列的一个磁盘来替换损坏的 RAID 5 卷，此时选择尚未做空间分配的磁盘 2 进行修复，单击"确定"按钮，如图 5-1-46 和图 5-1-47 所示。

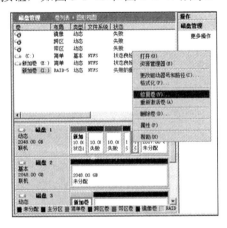

图 5-1-46　修复 RAID 5 卷

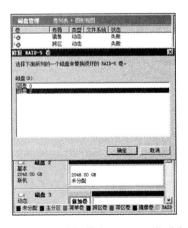

图 5-1-47　选择修复 RAID 5 卷磁盘

**05** 待 RAID 5 卷修复成功后，一个完善的、状态良好的 RAID 5 卷又重新出现，如图 5-1-48 和图 5-1-49 所示。

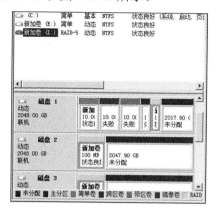

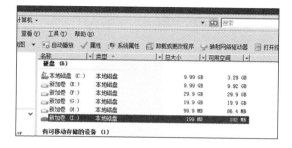

图 5-1-48　修复后的 RAID 5 卷　　　　　图 5-1-49　RAID 5 卷磁盘（I:）

**06** 重新打开新加卷（I:）查看之前写入的信息，发现完好无损，这足以证明 RAID 5 卷的容错性，如图 5-1-50 所示。

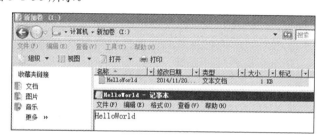

图 5-1-50　修复后的 RAID 5 卷磁盘数据

---

**小贴士**

　　软 RAID 集成于操作系统，有比较低的原始投资，但是它的 CPU 占用率非常高，并且只有非常有限的阵列操作功能。由于软 RAID 是在操作系统下实现 RAID 的，软 RAID 不能保护系统盘，亦即系统分区不能参与实现 RAID。

　　有些操作系统，RAID 的配置信息存在系统信息中，而不是存在磁盘上；当系统崩溃，需重新安装时，RAID 的信息也会丢失。尤其是软件 RAID 5 是 CPU 的增强方式，会导致 30%～40% I/O 功能的降低，所以不建议在增强的处理器、服务器中使用软 RAID。

　　硬 RAID（这里只讨论基于总线的 RAID）是由内建 RAID 功能的主机总线适配器控制，直接连接到服务器的系统总线上。

　　总线 RAID 具有较软 RAID 更多的功能但是又不会显著地增加总拥有成本，这样可以极大节省服务器系统 CPU 和操作系统的资源。从而使网络服务器的性能获得很大的提高。总线 RAID 支持很多先进功能，如热插拔、热备盘、SAF-TE、阵列管理等。

巩 固 练 习

1. 简要说明 RAID 技术的由来以及 RAID 常见的几种规范。
2. 在 Windows 环境下带区卷、镜像卷及 RAID 5 卷有何区别？
3. 简述 RAID 1、RAID 5 卷的容错测试步骤。

任务 5.2　存储管理系统中 CRAID 技术的使用

◎ 任务描述

　　Cell，形象称之为"细胞"，指带"活性"的数据单元，是存储资源管理的基本单位。引入 Cell 的概念后，在具体的实现上，首先用物理磁盘创建 RAID，然后把 RAID 的可用空间根据指定长度（默认 1GB）划分为多个 Cell，创建 LUN 时，系统自动分配空闲 Cell，破除了 LUN 与 RAID、Disk 之间的捆绑关系，使 RAID 的最小维护单位由原来的磁盘变成了更小更灵活的 Cell，实现了完全的虚拟化存储架构。

　　根据统计分析，存储系统的硬件故障 90% 以上是磁盘故障，而故障磁盘中，只有 12% 是完全的物理损坏，88% 属于部分或完全可用。如果磁盘发生错误后立即被踢出阵列，一方面客户需要为 100% 的故障磁盘买单，另外一方面客户还需要承担从故障磁盘被踢出阵列到被更换过程中其他磁盘再次故障所导致的数据丢失风险。ODSP 存储软件平台在分层次、模块化设计的基础上，在多个层次上进行了磁盘错误处理，其目标是"尽量尝试修复，尽可能减少踢盘"，以提高用户的投资回报率。因此，提出基于 Cell 的 RAID 同步和重建技术。本任务主要讲述 CRAID 基础及其在存储管理系统下的使用。

◎ 任务目标

　　1. 掌握 CRAID 基础知识。
　　2. 掌握在 ODSP 存储软件平台创建 RAID 的基本方法。
　　3. 掌握在 ODSP 存储软件平台维护 RAID 新方式——CRAID。

◎ 设备环境

　　1. 多块 SATA 磁盘，型号为 WD 20PURX，容量为 2TB。
　　2. 多块磁盘模块。
　　3. 一台存储系统，型号为 MacroSAN MS 2510i（宏杉科技产品）。
　　4. 学生实训用计算机，Windows 7 操作系统，带有千兆以太网卡。
　　5. 通过局域网实现学生实训主机与存储系统的 IP 可达。
　　6. 在实训主机上通过虚拟机安装 Windows Server 2003/2008 操作系统。

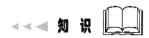

### 知识 1    磁盘维护新方式——IDDC 主动式磁盘诊断中心

基于多年存储维护经验的深刻理解，宏杉科技开发了一套可以在不增加任何附加投资的条件下，最大化提高磁盘及 RAID 组安全性的智能存储磁盘维护检测修复工具，即 IDDC（Initiative Disk Diagnosis Center，主动式磁盘诊断中心），如图 5-2-1 所示。

图 5-2-1    主动式磁盘诊断中心

该诊断中心包含了 4 个模块（磁盘检测、快速复位、坏块修复、磁盘诊断），它可以通过预先设置的策略定期对磁盘进行错误检测，用于发现磁盘中是否存在错误码。再根据错误码判断磁盘错误类型，并进行相应的坏块修复、磁盘迁移、磁盘修复等操作，以提早处理磁盘潜在故障隐患，降低 RAID 组重建损坏机率，提高设备稳定性。

（1）磁盘检测

磁盘检测是对所有磁盘进行周期性全盘检测，提前发现错误并交由磁盘诊断中心统一处理。该功能可以通过几个模块实现，如图 5-2-2 所示。

（2）快速复位

磁盘子系统的核心功能之一就是磁盘错误处理，在收到磁盘返回的磁盘错误之后，根据不同的错误，可以采取不同的错误处理方案，包括重试，即针对磁盘可恢复的临时性故障（磁盘的假故障，比如震动引起的读/写错误），磁盘子系统对命令进行重试。

对磁盘下电再上电，即从硬件上复位磁盘，尝试修复磁盘错误，结合上面提到的 RAID 基于 Cell 的局部重建机制，复位磁盘过程中新写入的数据可快速完成重建，恢复 RAID 的数据冗余性。

磁盘错误透传，由 RAID 进行处理。

（3）坏块修复

坏块修复是发现磁盘坏块（扇区），根据 RAID 信息重建数据，触发磁盘自身的 remap 机制，实现坏块替换。

磁盘在出厂前会留有一部分备用扇区，当正常使用的扇区出现损坏的情况下，磁盘会启用 remap 自动修复机制，将损坏扇区重定位到备用扇区，这样磁盘的整体容量和功能就不会受到影响，对于用户来讲，这个磁盘还是一个完整的好盘，如图 5-2-3 所示。

- 时间周期：可以预设每一轮磁盘检测的起始时间和周期间隔。
- 磁盘范围：可根据业务需要设置某一组磁盘进行磁盘检测。

- 全盘读检测：对检测盘进行全盘读操作，以发现磁盘中的不正常扇区。
- 逐盘检测：预设的时间到达时，对满足检测要求的磁盘进行排队，逐个启动磁盘检测。
- S.M.A.R.T.信息处理：如果磁盘S.M.A.R.T.检测失败，则将该磁盘直接转到磁盘诊断中心，若S.M.A.R.T.信息未超过危险值，便启动IDDC的全盘检测。

- 进度管理：以图形化的方式体现检测进度。
- 性能动态调整：检测速率会根据磁盘IO流量动态调整，保证该磁盘所承载的业务不受影响。

图 5-2-2　磁盘检测策略

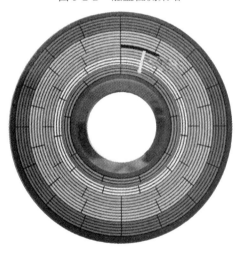

图 5-2-3　磁盘自身的 remap 机制

采用 remap 机制把备用扇区替换到原始扇区后，虽然磁盘的功能得到恢复，但是由于原始扇区中的数据是已经丢失的，所以 IDDC 的坏块修复功能可以根据 RAID 组校验信息，计算出损坏扇区中的数据，并进行恢复，这个过程只是针对产生坏扇区的部分，而不需要对整个 RAID 进行重建，重建过程所耗性能几乎可以忽略不计，如图 5-2-4 所示。

（4）磁盘诊断

磁盘诊断是指所有告警磁盘、故障磁盘会在诊断中心进行复诊并尝试修复，减少磁盘故障误判。修复后的磁盘自动转为全局热备磁盘。

磁盘检测中心对磁盘进行扫描后，会根据发现的磁盘错误类型进行标记，如 warning 盘、fail 盘等，并通过相应的功能模块将这部分磁盘替换出来，转移到磁盘诊断中心。由于磁盘检测时只能对磁盘进行全读操作，对于一些逻辑错误无法进行准确的判断。所以磁盘诊断中心会对磁盘进行全写操作，并对逻辑错误尝试进行修复。

可以通过磁盘诊断中心修复的磁盘会被设置为热备磁盘；不能通过的会被设为 fail 盘，

并会通过通知模块提醒用户更换。

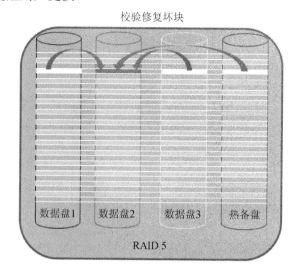

图 5-2-4　RAID 5 校验修复坏块

## 知识 2　RAID 维护新方式——CRAID

（1）CRAID 的优势与分析

CRAID 的优势如图 5-2-5 所示。

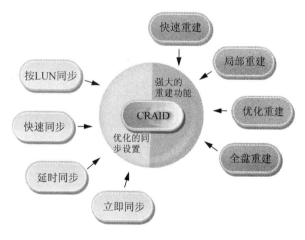

图 5-2-5　CRAID 的优势

CRAID 分析如图 5-2-6 所示。

（2）CRAID 基于 Cell 的重建功能

按照 Cell 维护健康状态，突破了传统 RAID 对可容忍的磁盘数目的限制。例如，传统的 RAID 5 支持 1 块磁盘故障，第 2 块磁盘故障时，RAID 失效，不能继续使用。在 ODSP 存储软件平台的实现中，只要磁盘出错区域不在同一个 Cell 内，RAID 中的数据仍然可以访问，即 RAID 可容忍非同一个 Cell 内多个磁盘发生介质错误，在极端的情况下，可能出现 RAID 中所有的成员磁盘上都存在介质错误，但是数据仍然可以访问，提高了存储产品的容错性及业务连续性。同时，针对多个磁盘出错区域在同一个 Cell 内的情况，ODSP 存储软件平台继承了传统 RAID 物理的处理方式，即这些磁盘错误仅影响当前的 Cell，其他 Cell 仍然可以继续访问，使得错误的影响范围降到最小，如图 5-2-7 所示。

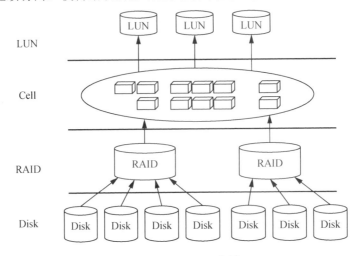

图 5-2-6　CRAID 分析

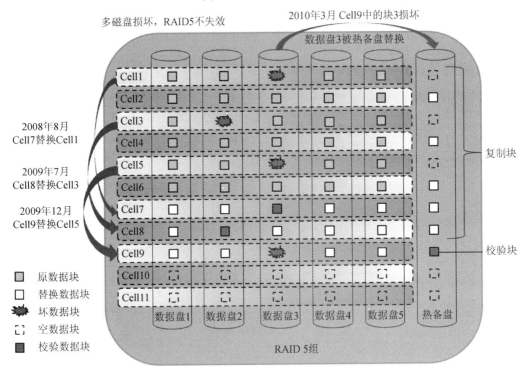

图 5-2-7　多磁盘损坏下的 RAID 5

1）快速重建。区别于传统 RAID 先踢盘再重建的方式（图 5-2-8），CRAID 的快速重建（图 5-2-9）可只重建错误磁盘上的损坏数据块，未发生错误的区域直接使用复制方式将数据块复制到热备盘，重建完成后，再将错误磁盘转移至 IDDC 磁盘诊断中心处理。该方式可明显降低重建过程对 RAID 组性能造成的影响。

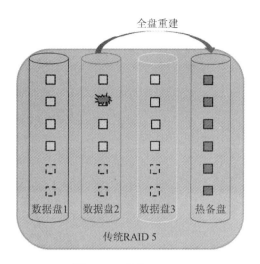

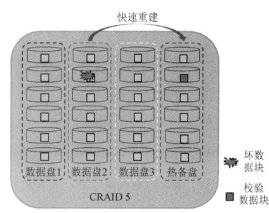

图 5-2-8　传统 RAID 5　　　　　　　　图 5-2-9　CRAID 5

传统 RAID 组重建时，消耗性能和时间的原因是需要调用所有磁盘进行异或校验。快速重建由于将全盘校验改成了按 Cell 校验和按磁盘复制，因此其校验任务只有传统全盘重建的几百分之一甚至千分之一，校验时间几乎可以忽略不计，而磁盘复制的速度可以达到磁盘读写的最大值。以 1TB 的 SATA 磁盘为例，在 15 块盘的 RAID 中，全盘重建时间约 30h，而快速重建的时间最快可以达到 6h。

2）局部重建。局部重建类似于快速重建，但不是重建热备盘，而是只对原盘的变化部分进行重建，使其同步。该方法适用于磁盘未损坏，但发生过闪断或人为误操作（如短时间内拔出又插回）的情况，如图 5-2-10 和图 5-2-11 所示。该方法可重建 5min 内磁盘不在位过程中所丢失的数据，重建时间短，极大降低 RAID 组受影响程度。

3）优化重建。优化重建仅重建被 LUN 使用的 Cell，不重建未使用的 Cell，如图 5-2-12 和图 5-2-13 所示，仅重建 Cell1、Cell2、Cell3、Cell4，Cell5、Cell6 不需重建。

重建调度时，优先重建存在介质错误的 Cell，然后再使用复制的方式重建其他 Cell，尽可能的避免存在错误的 Cell 所处的其他磁盘发生故障。

优化重建支持多重重建，可同时重建多个故障磁盘，如一个 RAID 组中的 2 块磁盘所处的不同 Cell 存在坏块，可以 2 个 Cell 并发重建，提高重建总体效率。

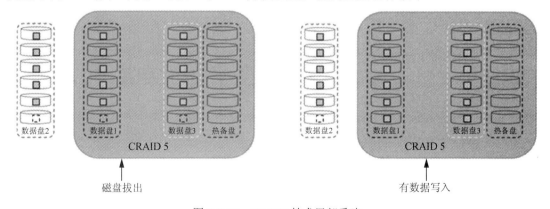

图 5-2-10　CRAID 技术局部重建

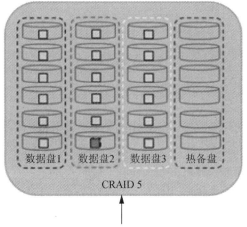

磁盘插回后只重建差异部分

图 5-2-11　局部重建差异部分

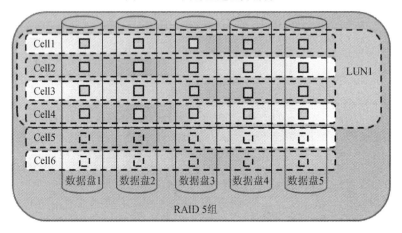

图 5-2-12　优化重建（一）

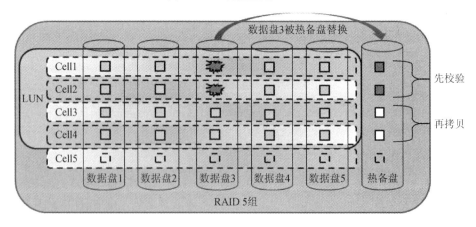

图 5-2-13　优化重建（二）

4）全盘重建。全盘重建与传统 RAID 组一样，适用于磁盘被拔走或磁盘严重故障不能继续使用的情况。

（3）IDDC+CRAID 处理流程

IDDC 磁盘诊断中心与 CRAID 优化同步重建技术相互联动，形成了一套对磁盘自动检测、故障处理及 RAID 快速恢复的智能处理流程，在提高设备易用性和可维护性的同时，更提高了设备的安全性，如图 5-2-14 所示。

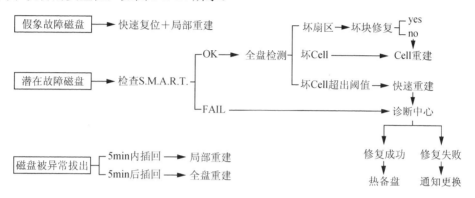

图 5-2-14　IDDC+CRAID 处理流程

1）CRAID 基于 Cell 的同步优化。如图 5-2-15 所示，如果选择按 LUN 同步，则只需同步图中的 Cell1、Cell2、Cell3、Cell4 即可完成同步，余下的 Cell 可在创建其他 LUN 时再做同步。该方法可大幅缩短同步时间，对随机读写要求高，又急需使用的环境，该方法较为有效。

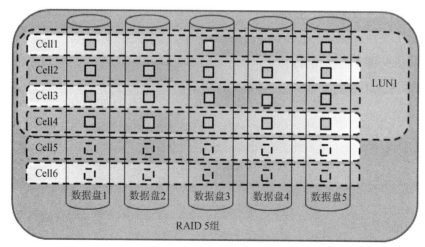

图 5-2-15　CRAID 基于 Cell 同步

2）快速同步（全 0 同步）。校验 RAID 组在初始同步时会计算每个条带的校验值，做过校验的条带会大大提高小数据的随机写性能。快速同步采用所有数据块写 0 的方式进行同步，可以符合 RAID 5 异或算法的校验规则，不需要再将条带中的所有成员读出做异或校验计算，与相比常规同步方式，可提高同步速度约 50%，但需同步完成后才可用。该方法适用于随机写要求较高，又不急需使用的环境。

3）不同步。根据用户的业务类型，也可以选择不做同步，此时 RAID 立即可用，大文件的顺序写基本不受影响，随机写性能低于同步之后的性能，可在写入后再进行数据同步，适用于随机读写操作 I/O 少，但又急需使用的环境。

4）在线同步（校验同步）。RAID 立即可用，后台进行数据同步，同步完成前，对性能影响较大，同步完成后，随机写较快。该方法适用于随机写性能会逐步增长的业务环境。

### 知识3 存储设备上的 CRAID 技术

对于 RAID 来讲，ODSP 存储设备实现了创新的 CRAID 技术。ODSP 存储设备基于 Cell 管理 RAID 健康状态，把磁盘介质错误对 RAID 的影响程度降到最低，大大提高了 RAID 的可用性和健壮性。ODSP 存储设备支持多种级别的 RAID 算法，包括：

1）RAID 0：支持 1～25 块数据盘，数据无冗余保护。

2）RAID 1：支持 2 块数据盘，最多可配置 25 块专用热备盘，同一个 Cell 上一块磁盘发生介质错误不影响数据冗余性。

3）RAID 5：支持 3～25 块数据盘，最多可配置 25 块专用热备盘，同一个 Cell 上一块磁盘发生介质错误不影响数据冗余性。

4）RAID 10：支持 4～24 块数据盘，数据盘数目必须是偶数，最多可配置 25 块专用热备盘。数据盘划分为多个镜像对，同一个镜像对内一个 Cell 上一块磁盘发生介质错误不影响数据冗余性。

在 RAID 降级后，可使用热备盘通过重建算法恢复 RAID 数据冗余性。ODSP 存储设备支持 3 种热备盘，包括：

1）专用热备盘：该种热备盘只能被所属 RAID 使用。

2）全局热备盘：该种热备盘可以被系统中的所有 RAID 使用，前提是全局热备盘类型和容量满足需要重建的 RAID 的要求。

3）空白磁盘热备：启用空白磁盘热备的情况下，RAID 需要重建时，如果没有专用热备盘或可用的全局热备盘，将使用存储设备中满足要求的空白盘进行重建，无需手动设置该磁盘为热备盘，大大简化存储管理员的操作。

 ◀◀◀◀ 实 训

### 活动1 认识资源管理

登录设备后，设备树上将按照树状视图显示系统中的所有资源，如图 5-2-16 所示。在设备树上选择一个树节点后，信息显示区中将显示该树节点的详细信息，同时工具栏中将显示该树节点支持的常用操作。

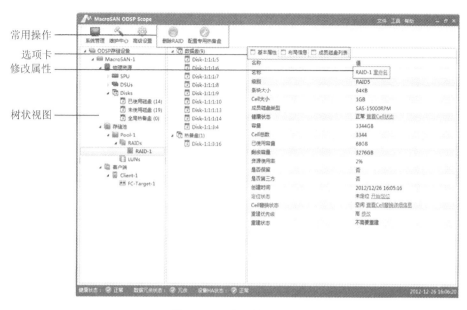

图 5-2-16　资源管理界面

## 活动 2 　认识存储池

（1）存储池

存储池，即资源分区，一个存储池中包含一组磁盘、一组 RAID 和一组 LUN，数据可以按照 Cell 为单位在存储池内部流动，以实现存储资源的动态分配和管理。

ODSP 存储设备支持两种类型的存储池：

1）传统型：存储池中所有 RAID 可以采用不同的 RAID 创建策略。

2）智能型：存储池中所有 RAID 必须采用相同的 RAID 创建策略，创建后不支持修改 RAID 创建策略。

创建存储池之后，不支持修改存储池的类型。

（2）LUN

LUN 是客户端服务器可访问的存储空间，针对客户端不同的应用模型，创建 LUN 时，可指定 3 种同步选项：

1）不同步：指创建 LUN 后不执行同步操作，可立即访问 LUN，适用于顺序 I/O 的应用模型。

2）快速同步：指创建 LUN 后立即开始同步，同步过程中 LUN 不能被访问，适用于随机 I/O 的应用模型。

3）校验同步：可设置同步的开始时间，系统将自动在后台进行同步，同步过程中 LUN 可以被访问，适用于随机 I/O 的应用模型。

LUN 建立以后容量大小固定，支持用户需求超过 LUN 开始创建的容量时，利用 LUN 的扩容功能实现扩充 LUN 的容量。

## 活动 3　管理存储池

### 1. 创建存储池

**01**　在设备树上选择"存储池"节点后，在工具栏上单击"创建存储池"按钮，打开"创建存储池"对话框，如图 5-2-17 所示；输入相关参数，参数说明请参见表 5-2-1，单击"确定"按钮完成配置。创建一个名称为 temp 的传统型存储池，界面如图 5-2-17 所示。

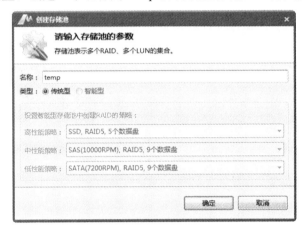

图 5-2-17　"创建存储池"对话框

表 5-2-1　"创建存储池"对话框参数说明

| 配置项参数 | 说　　明 |
|---|---|
| 存储池的名称 | 名称有效字符范围：a~z、A~Z、0~9、"."、"-"、"_"、":"。<br>名称长度：1~31 个字符。<br>建议存储池名称使用"Pool-"开头。<br>注意：存储设备中存储池的名称不允许重名 |
| 存储池的类型 | 存储池的类型包括传统型、智能型，详见"活动 2 存储池简介"。<br>注意：创建存储池之后，不能修改存储池类型 |
| 创建 RAID 的策略 | 当存储池的类型设置为"智能型"时，不能选择 RAID 创建策略。<br>注意：创建存储池之后，不能修改 RAID 创建策略 |

**02**　创建存储池成功后，查看设备树的"存储池"节点，将出现以新创建的存储池命名的子节点，选择该存储池节点，在信息显示区中可查看该存储池的详细信息，见表 5-2-2。

表 5-2-2　存储池信息显示区标签页列表

| 标　签　名　称 | 说　　明 |
|---|---|
| 基本属性 | 显示存储池的基本属性，包括存储池的名称、类型、Cell 大小等信息 |

### 2. 删除存储池

仅支持删除未创建 LUN 的存储池，如图 5-2-18 所示。

图 5-2-18　删除存储池"提示"对话框

在设备树上选择"存储池"→需要删除的存储池节点后，在工具栏上单击"删除存储池"按钮，在弹出的"确认"提示框中单击"确定"按钮完成配置，如图 5-2-19 所示。

图 5-2-19　确定删除存储池

### 3. 修改存储池属性

**01**　查看存储池详细信息。

在设备树上选择"存储池"→存储池节点后，在信息显示区的"基本属性"标签页中可查看该存储池的详细信息，如该存储池的名称、类型、Cell 大小、总容量、已使用容量、剩余容量、资源使用率等，如图 5-2-20 所示。

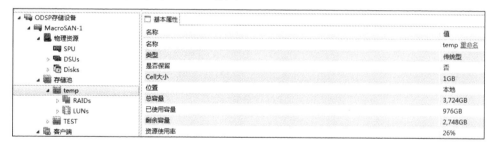

图 5-2-20　存储池基本属性

还可以查看存储池的资源汇总信息，包括存储池总数，RAID 总数，RAID5 数目，正常、降级、错误 RAID 数目，LUN 总数和正常、故障 LUN 数目统计，如图 5-2-21 所示。

图 5-2-21　存储池的资源汇总信息

**02** 重命名存储池。

在存储池信息显示区的"基本属性"标签页中，单击"名称"选项对应的"重命名"按钮，打开"重命名存储池"对话框，如图5-2-22所示，输入新的名称，单击"确定"按钮完成配置。

图5-2-22 "重命名存储池"对话框

## 活动4 在存储池中管理RAID

### 1. 分别创建不同级别的RAID

在设备树上选择"存储池"→需要创建RAID的存储池→RAIDs节点后，在工具栏上单击"创建RAID"按钮，打开"创建RAID"对话框，输入相关参数，单击"确定"按钮完成配置。

1）创建RAID 5磁盘阵列，要求参与磁盘的数量不小于3，此处选择了3块磁盘参与名称为RAID-5-test：Disk-1:1:1:1、Disk-1:1:1:2、Disk-1:1:1:3，磁盘类型为SATA，单块磁盘容量为1862GB，还添加一块专用热备盘以供该RAID组内磁盘失效时，进行RAID重建。RAID 5创建成功后，可以单击RAID的"基本属性"命令，查看创建后的具体信息，包括名称、级别、Cell大小、健康状态、容量以及使用情况、参与RAID 5的磁盘接口类型、数量、是否有专用盘等具体信息。3块容量为1862GB的磁盘参与RAID 5，总容量为3724GB，由此可见，在3个磁盘做RAID 5卷的情况，磁盘利用率为2/3，如图5-2-23和图5-2-24所示。

图5-2-23 创建RAID 5

图5-2-24 RAID 5"基本属性"对话框

2）创建 RAID 0 磁盘阵列，要求参与磁盘的数量不小于 1，此处选择了 2 块磁盘参与名称为 RAID-0-test：Disk-1:1:1:1、Disk-1:1:1:3，磁盘类型为 SATA，单块磁盘容量为 1862GB，无专用热备盘可供选择，因为 RAID 0 没有容错无需 RAID 重建。RAID 0 创建成功后，可以单击 RAID 的"基本属性"命令，查看创建后的具体信息，包括名称、级别、Cell 大小、健康状态、容量以及使用情况、参与 RAID 0 的磁盘接口类型、数量、是否有专用盘等具体信息。2 块容量为 1862GB 的磁盘参与 RAID 0，总容量为 3724GB，由此可见，在 2 块磁盘做 RAID 0 卷的情况下，磁盘利用率为 100%，如图 5-2-25 和图 5-2-26 所示。

图 5-2-25  创建 RAID 0

图 5-2-26  RAID 0 "基本属性"对话框

3）创建 RAID 1 磁盘阵列，要求参与磁盘的数量等于 2，此处选择了 2 块磁盘参与名称为 RAID-1-test：Disk-1:1:1:4、Disk-1:1:1:5，磁盘类型为 SATA，单块磁盘容量为 1862GB，RAID 1 专用热备盘可供选择，此处没有选择热备盘。RAID 1 创建成功后，可以单击 RAID 的"基本属性"命令，查看创建后的具体信息，包括名称、级别、Cell 大小、健康状态、容量以及使用情况、参与 RAID 1 的磁盘接口类型、数量、是否有专用盘等具体信息。两块容量为 1862GB 的磁盘参与 RAID 1，总容量为 1862GB，由此可见，在 2 块磁盘做 RAID 1 卷的情况下，磁盘利用率为 50%，如图 5-2-27 和图 5-2-28 所示。

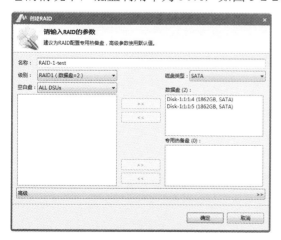

图 5-2-27  创建 RAID 1

图 5-2-28  RAID 1 "基本属性"对话框

4）创建 RAID 的详细参数说明如表 5-2-3 所示。

表 5-2-3  创建 RAID 参数说明

| 配置项参数 | 说　明 |
|---|---|
| RAID 名称 | 有效字符范围：a～z、A～Z、0～9、".""-"、"_"、":"。<br>长度：1～31 个字符。<br>建议 RAID 名称使用 "RAID-" 开头。<br>注意：存储设备中 RAID 不允许重名 |
| RAID 级别 | RAID 级别包括 RAID0、RAID1、RAID5、RAID10，详见活动 2 |
| 磁盘类型 | 磁盘类型包括 SATA-7200RPM、SAS-7200RPM、SAS-10000RPM、SAS-15000RPM、SSD |
| 磁盘列表 | 空白盘：指存储设备中空闲的可以用于创建 RAID 的磁盘，可根据 DSU 名称进行筛选。<br>数据盘：指 RAID 的成员磁盘，用于存储数据和校验信息。<br>专用热备盘：指 RAID 的成员磁盘，是本 RAID 专用的热备盘，当 RAID 触发重建时，将优先使用专用热备盘进行重建 |
| 高级 | 单击 "高级" 按钮可以展开高级选项配置界面，配置条块大小、重建优先级等功能 |
| 条块大小 | 指 RAID 的条块大小，可设置为 8KB、16KB、32KB、64KB、128KB。<br>注意：创建 RAID 之后不能修改条块大小，请根据 RAID 上 LUN 的业务模型设置适合的值 |
| 重建优先级 | 指 RAID 的重建优先级，可设置为高、中、低，用于多个 RAID 并发重建时的重建任务调度 |
| Cell 替换预留空间 | 指创建 RAID 时，设置可用于替换的 Cell 数目百分比 |

5）成功创建 RAID 后，查看设备树的 "存储池"→RAID 所属存储池→RAIDs 节点，将出现以新创建的 RAID 命名的子节点，选择该 RAID 子节点，在信息显示区中可查看该 RAID 的详细信息，请参见表 5-2-4。

表 5-2-4  RAID 信息显示区标签页列表

| 标　签　名　称 | 说　明 |
|---|---|
| 基本属性 | 显示 RAID 的基本属性，包括名称、级别、条块大小、健康状态、容量等信息。<br>支持重命名、定位、查看 Cell 状态详细信息等功能 |
| 布局信息 | 显示 RAID 上 LUN 列表，包括 LUN 的名称、容量、健康状态等信息 |
| 成员磁盘列表 | 显示 RAID 的成员磁盘，包括磁盘的名称、类型、健康状态等信息 |

2．删除 RAID

仅支持删除未创建 LUN 的 RAID，如果要删除的 RAID 上已创建 LUN，请先手动删除 LUN 再执行删除 RAID 的操作，如图 5-2-29 所示。

图 5-2-29  删除 RAID "提示" 对话框

在设备树上选择 "存储池"→RAID 所属存储池→RAIDs→需要删除的 RAID 节点后，在工具栏上单击 "删除 RAID" 按钮完成配置，如图 5-2-30 所示。

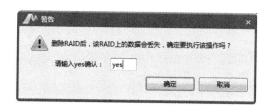

图 5-2-30　删除 RAID "警告" 对话框

### 3. 修改 RAID 属性

**01** 查看 RAID 详细信息。

在设备树上选择 "存储池" →RAID 所属存储池→RAIDs→RAID 节点后，在信息显示区的 "基本属性" 标签页中可查看该 RAID 的详细信息，如图 5-2-31 所示。

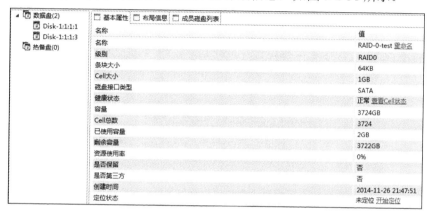

图 5-2-31　RAID "基本属性" 标签页

**02** 重命名 RAID。

在 RAID 信息显示区的 "基本属性" 标签页中，单击 "名称" 选项对应的 "重命名" 按钮，打开 "重命名 RAID" 对话框，如图 5-2-32 所示，输入新的名称，单击 "确定" 按钮完成配置。

图 5-2-32　"重命名 RAID" 对话框

**03** 查看 Cell 状态。

通过查看 Cell 状态，可以读取该 RAID 中 Cell 总数、Cell 的使用情况等。单击 "健康状态" 选项对应的 "查看 Cell 状态" 按钮，打开 "Cell 状态" 对话框，如图 5-2-33 所示。

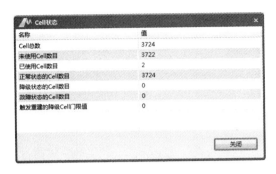

图 5-2-33    "Cell 状态"对话框

**04** RAID 定位。

通常情况下，通过配置界面来查看参与 RAID 的磁盘成员，为了能更为直观地体现参与 RAID 的磁盘成员，可以通过 RAID 定位功能来定位磁盘，单击"定位状态"选项对应的"开始定位"按钮打开"确认"对话框，单击"确定"按钮开始定位，此时参与 RAID 的磁盘指示灯绿色闪亮。单击"定位状态"选项对应的"停止定位"按钮，磁盘指示灯复位，如图 5-2-34 和图 5-2-35 所示。

图 5-2-34    RAID 开始定位

图 5-2-35    RAID 停止定位

**05** 查看 RAID 成员磁盘列表。

通过查看成员磁盘列表，可以查看参与 RAID 的磁盘名称、接口类型、容量等信息。单击"成员磁盘列表"选项，可查看成员磁盘列表，如图 5-2-36 所示。

| 名称 | 接口类型 | 转速 | 容量 | 健康状态 | 角色 | |
|------|----------|------|------|----------|------|---|
| Disk-1:1:1:1 | SATA | N/A | 1862GB | 正常 | 数据盘 | 详细信息 |
| Disk-1:1:1:3 | SATA | N/A | 1862GB | 正常 | 数据盘 | 详细信息 |
| 总计：2个 | | | 3,724GB | | | |

图 5-2-36    成员磁盘列表

### 4. 管理 RAID 专用热备盘

**01** 在设备树上选择"存储池"→RAID 所属存储池→RAIDs→RAID 节点后，在工具栏上单击"配置专用热备盘"按钮，打开"配置专用热备盘"对话框，如图 5-2-37 所示。

图 5-2-37　"配置专用热备盘"对话框

**02** 在空白盘列表中或专用热备盘列表中选中磁盘，单击">>"按钮或"<<"按钮移动磁盘，单击"确定"按钮完成配置。

### 5. RAID 重建

当 RAID 的成员磁盘出现故障时会导致 RAID 降级，冗余 RAID 降级后，可以通过重建恢复 RAID 的冗余性。

RAID 重建时，优先选择专用热备盘，其次是全局热备盘，最后是空白盘（空白磁盘热备启用时）。

**01** 新建一个 RAID 5，在此基础上要验证 RAID 重建过程。创建 RAID 5 磁盘阵列，要求参与磁盘的数量不小于 3，此处选择了 3 块磁盘参与名称为 RAID-5-test：Disk-1:1:1:1、Disk-1:1:1:2、Disk-1:1:1:3，磁盘类型为 SATA，单块磁盘容量为 1862GB，还添加一块专用热备盘以供该 RAID 组内磁盘失效时，进行 RAID 重建，专用热备盘为 Disk-1:1:1:4，如图 5-2-38 所示。

图 5-2-38　"创建 RAID"对话框

RAID 5 创建成功后，单击 RAID 的"基本属性"命令，查看创建后的具体信息，包括名称、级别、Cell 大小、健康状态、容量以及使用情况、参与 RAID 5 的磁盘接口类型、数量、是否有专用盘等具体信息，如图 5-2-39 所示。

图 5-2-39 RAID 5 基本属性

查看 RAID 5 的磁盘成员列表信息，其中数据盘为 Disk-1:1:1:1、Disk-1:1:1:2、Disk-1:1:1:3，专用热备盘为 Disk-1:1:1:4。详细成员信息如图 5-2-40 所示。

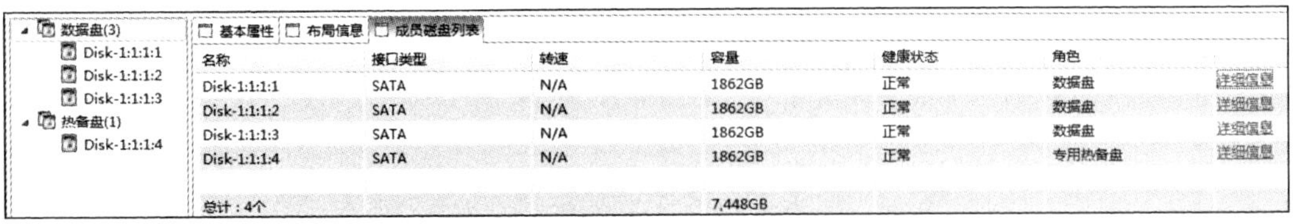

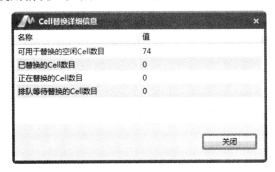

图 5-2-40 RAID 5 成员磁盘列表

可通过单击 RAID 5 基本属性界面的"Cell 状态"以及"查看 Cell 替换详细信息"按钮来查看该 RAID 中的 Cell 总数以及 Cell 的使用情况，如图 5-2-41 和图 5-2-42 所示。

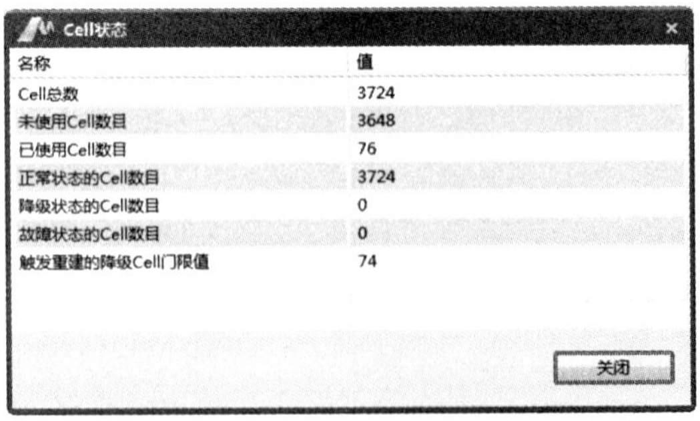

图 5-2-41 "Cell 状态"对话框

图 5-2-42 "Cell 替换详细信息"对话框

02 查看 RAID 重建任务信息。

从 RAID 的"基本属性"界面，可以查看重建状态显示为不需要重建，此时对 RAID 5 的磁盘成员 Disk-1:1:1:1 进行安全拔盘操作，将 Disk-1:1:1:1 磁盘从 RAID 5 中安全移除，选择 Disks，批量安全拔盘，选择指定磁盘槽位安全拔盘，在磁盘槽位栏以此输入 1:1:1:1，即可对 1:1:1:1 磁盘进行安全拔盘操作，如图 5-2-43 所示。

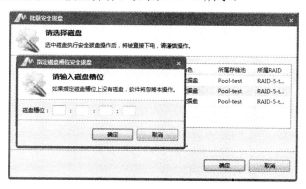

图 5-2-43　安全拔盘界面

对 Disk-1:1:1:1 进行安全拔盘操作之后，再查看 RAID-5-test 成员磁盘列表，发现 Disk-1:1:1:1 已经从成员磁盘列表中移除，名称为 Missing 的磁盘即为 Disk-1:1:1:1，状态为 N/A，健康状态为不在位，如图 5-2-44 所示。

图 5-2-44　安全拔盘后的成员列表

此时，再查看 RAID "基本属性"界面，健康状态已经显示为降级，重建状态显示为重建等待 Missing 盘，单击"暂停重建"按钮，如图 5-2-45 所示。

图 5-2-45　RAID 重建状态

可以查看重建优先级，默认优先级为高，如果重建任务非常紧迫，建议不做修改，如

图 5-2-46 所示。

图 5-2-46 重建优先级

在进行 RAID 重建时，需要查看专用热备盘的状态，因为在 RAID 过程中会启用 RAID 专用热备盘进行 RAID 重建，以便恢复 RAID 正常状态，如图 5-2-47 所示，RAID-5-test 磁盘阵列的专用热备盘名称为 Disk-1:1:1:4，接口类型为 SATA，容量为 1862GB，角色为专用热备盘，随时等待 RAID 重建任务的召唤。

图 5-2-47 专用热备盘的状态

再次查看 RAID 5 "基本属性"界面的 Cell 状态，降级状态的 Cell 总数为 3724，如图 5-2-48 所示。

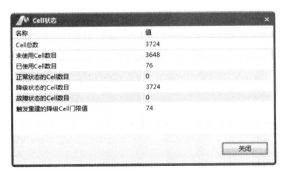

图 5-2-48 专用热备盘的状态

**03** 开始 RAID 重建任务。

在 RAID 信息显示区的"基本属性"标签页中，单击"重建状态"选项对应的"开始重建"按钮，开始 RAID 重建任务，如图 5-2-49 所示。

图 5-2-49  RAID 重建界面

RAID 重建可能会影响系统的性能，建议在存储维护时间进行磁盘阵列重建，规避在数据存储高峰期进行 RAID 重建工作，单击"确定"按钮，开始重建，如图 5-2-50 所示。

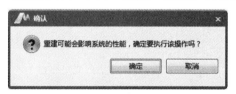

图 5-2-50  确认 RAID 重建界面

重建状态为正在重建，出现重建进度提示条和重建开始以及剩余时间提示信息，如图 5-2-51 所示。

图 5-2-51  RAID 重建状态

RAID 重建完成后，再次查看 RAID "基本属性"界面，显示 RAID-5-test 已经正常，如图 5-2-52 所示。

图 5-2-52　RAID 重建完成

再次查看"成员磁盘列表"界面，发现专用热备盘 Disk-1:1:1:4 已经变成了数据盘，此时 RAID 重建任务到此结束，如图 5-2-53 所示。

| 名称 | 接口类型 | 转速 | 容量 | 健康状态 | 角色 | |
|------|---------|------|------|---------|------|---|
| Disk-1:1:1:2 | SATA | N/A | 1862GB | 正常 | 数据盘 | 详细信息 |
| Disk-1:1:1:3 | SATA | N/A | 1862GB | 正常 | 数据盘 | 详细信息 |
| Disk-1:1:1:4 | SATA | N/A | 1862GB | 正常 | 数据盘 | 详细信息 |
| 总计：3个 | | | 5,586GB | | | |

图 5-2-53　RAID 重建后的成员磁盘列表

再次查看 RAID "基本属性"界面，名称为 RAID-5-test 的 RAID 已经正常工作，如图 5-2-54 所示。

图 5-2-54　RAID 重建后的基本属性

## 巩固练习

**一、选择题**

某公司需要部署大量的视频服务器供上亿的因特网用户访问，在考虑视频大数据不断增长的因素，需要部署存储系统，因数据的访问次数频繁，访问量大，在部署 RAID 时，需要考虑性能、安全与高读取速度，该公司存储管理员采用的 RAID 技术为（　　）。

A．RAID 0　　　　　　　　　　　B．RAID 1

C．RAID 5　　　　　　　　　　　D．RAID 10

E．RAID 0+1

**二、问答题**

1．什么是 CRAID，其优势是什么？

2．CRAID 重建有几种模式？各模式有何区别？

3．CRAID 重建时，优先选择专用热备盘、全局热备盘，还是空白盘？

# 6 项目

## 管理 IP-SAN 逻辑资源

>>>>

◎ **项目导读**

对于企业 IT 管理人员来说,目前面临的挑战是人员裁减、预算停滞不前和成本快速增加。IT 经理在管理存储区域网(IP-SAN)时,必须巧妙地处理上述问题及更多方面的问题。因此在 IP-SAN 存储网络当中,需要投入更多的时间和精力在如何有效管理与实现 IP-SAN 存储逻辑资源的调度方面。由于存储的本质是数据管理,而企业的价值也在于数据的积累与挖掘,因此有效地做好存储的管理,企业才可能获得长期的商业价值。

一份针对 IT 主管的调查报告显示,与传统的应用程序相比,存储资源的需求已经成为主管们要考虑的首要问题。

◎ **能力目标**

- 了解什么是 LUN。
- 掌握 RAID、LUN 的形成过程。
- 掌握网络存储操作系统管理 IP-SAN 逻辑资源的架构。
- 掌握 RAID、LUN、Target、客户端、Initiator 的配置顺序与关联。
- 掌握客户端与关联 Initiator 与 Target 的方法。
- 掌握为 Target 关联 LUN 的方法。

# RAID、LUN 的创建与管理

## ◎ 任务描述

一些存储系统支持"分割区"，即一组 LUN 或卷组能够映射到一个分割区，使得主机服务器看起来就像是采用 LUN 的独立存储系统。例如，20 台服务器能够附属到一个基于 IP-SAN 的存储系统，该系统具有 4 个 GE 端口。

假设存储系统具有 40 个 LUN（或更多），就能创建 20 个分割区，每个区域包括 2 个 LUN；其中 1 个 LUN 编码为 LUN 0，作为启动设备，映射到特定的服务器适配器位址中。每台服务器都会认为自己具有特定的 LUN 0 可以作为启动设备，那么就有 20 个 LUN 0，并且这 20 个 LUN 0 在共享存储环境中彼此隔离，即一个客户端通过关联的 Initiator 对应一台应用服务器或一组使用相同权限访问相同 LUN 的应用服务器，在客户端下可创建一个或多个 Target，支持为 Target 关联一个或多个 LUN，从而实现特定的客户端访问特定的资源。

本任务的重点是如何在 IP-SAN 管理系统中实现 RAID、LUN。

## ◎ 任务目标

1. 理解 LUN 的基本概念。
2. 掌握 RAID、LUN 的形成过程。
3. 掌握在存储操作系统中配置 RAID、LUN 的基本方法。

## ◎ 设备环境

1. 多块 SATA 磁盘，型号为 WD 20PURX，容量为 2TB。
2. 多块磁盘模块。
3. 一台存储系统，型号为 MacroSAN MS 2510i（宏杉科技产品）。
4. 学生实训用计算机，带有以太网卡。
5. 通过局域网实现学生实训主机与存储系统的 IP 可达。

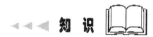

知 识

## 知识 1　LUN 简介

（1）形象理解 LUN

LUN 的全称是 Logical Unit Number，也就是逻辑单元号。我们知道 SCSI 总线上可挂接的设备数量是有限的，一般为 6 个或 15 个，可以用 Target id（或 SCSI id）来描述这些设备。这些设备只要加入系统，就有一个代号，在区别设备的时候，只要说其代号就可以了。

但是实际上需要描述的对象，是远远超过该代号数目的，于是引进了 LUN 的概念，也就是说 LUN id 的作用就是扩充了 Target id。每个 Target 下都可以有多个 LUN 设备，通常简称为 LUN，这样就可以说每个设备的描述就由原来的 Target x 变成 Target x LUN y 了，那么显而易见的，描述设备的能力增强了。例如，以前别人给你邮寄东西，写地址的时候，可以写：

××市丝织路 25 号×××（收）

但是随着学校规模越来越大部门越来越多，班级越来越多，不得不这么写：

××市丝织路 25 号××学校×××班级×××（收）

所以可以总结一下，LUN 就是为了使用和描述更多设备及对象而引进的一个方法而已。

（2）具体理解 LUN

LUN id 不等于某个设备，只是个代号而已，不代表任何实体属性。在实际环境中，遇到的 LUN 绝大多数情况是磁盘空间。

有人说，在我的 Windows 系统里，可以识别到磁盘资源，但是没有体现出 LUN 的存在，是不是 LUN=Physical Disk 呢？答案是否定的，只要注意，磁盘的属性里就可以看到有一个 LUN 值，只是因为 Disk 没有被划分为多个存储资源对象,而将整个磁盘当作一个 LUN 来用，LUN id 默认为零。

有一个磁盘阵列，连到了 2 个主机上，划分了一个 LUN 给 2 个主机，然后先在操作系统将磁盘分为 2 个区，让 2 个主机分别使用 2 个分区，然后再出现某一台主机停机之后，使用集群软件将该分区切换到另外一个主机上去，这样可行吗？

答案也是否定的，集群软件操作的磁盘单元是 LUN，而不是分区，所以该操作是不可行的。当然在一些环境（一般也是一些要求比较低的环境）中，可以在多个主机上挂载不同的磁盘分区，但是这种情况下，实际上没有涉及磁盘的切换，所以在一些高要求的环境里，这种情况根本就不允许存在。

**知识 2　RAID、LUN 的形成过程**

RAID 由多个成员磁盘组成，从整体上看相当于一个物理卷。

在物理卷的基础上可以按照指定容量创建一个或多个逻辑卷，这些逻辑卷就是通过 LUN 来标示的，如图 6-1-1 所示。

LUN 很多时候不是可见的实体，而是一些虚拟的对象。例如，一个阵列柜，计算机处理器看作是一个 Target device，为了某些特殊需要，将磁盘阵列柜的磁盘空间划分成若干个小的单元给主机使用，于是就产生了逻辑驱动器的说法，也就是比 Target 设备级别更低的逻辑对象，习惯上把这些更小的磁盘资源称为 LUN0，LUN1，LUN2……，如图 6-1-2 所示。

而操作系统的机制使然，操作系统识别的最小存储对象级别就是 LUN device。因为 LUN device 是一个逻辑对象，所以很多时候被称为逻辑卷。

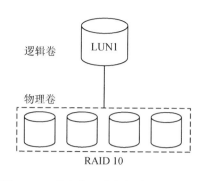

逻辑卷

物理卷

RAID 10

图 6-1-1　单个物理卷上创建 1 个逻辑卷

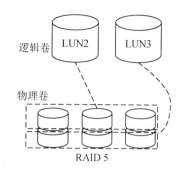

逻辑卷

物理卷

RAID 5

图 6-1-2　单个物理卷上创建 2 个逻辑卷

（1）物理磁盘组形成 RAID

RAID 在项目 5 中已经做过非常详细的描述，如图 6-1-3 所示。

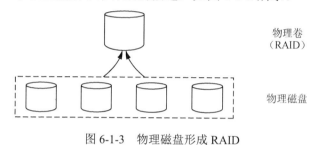

物理卷
（RAID）

物理磁盘

图 6-1-3　物理磁盘形成 RAID

（2）RAID 磁盘失效的处理

存储发展到今天仍然以磁盘作为基础介质，存储是一个后台设备，缺乏直观地应用体验。没有业务需求和长期运营维护经验，则对存储的重要性和问题感受不深。在大量使用机械磁盘的条件下控制故障、提供高数据安全、保障业务连续性是一项复杂的系统工程。

磁盘物理故障导致数据丢失的风险和管理的难度较大是存储系统的严峻考验，通常磁盘的热备和热插拔成为磁盘失效的常用处理方式。

1）热备（Hot Spare）。热备指当冗余的 RAID 组中某个磁盘失效时，在不干扰当前 RAID 系统正常使用的情况下，用 RAID 系统中另外一个正常的备用磁盘自动顶替失效磁盘，及时保证 RAID 系统的冗余性。热备可分为全局式和专用式 2 种。全局式指备用磁盘为系统中所有的冗余 RAID 组共享。专用式指备用磁盘为系统中某一组冗余 RAID 组专用。

全局热备由系统中两个 RAID 组共享，可自动顶替任何一个 RAID 中的一个失效磁盘，如图 6-1-4 所示。

专用热备由系统中指定 RAID 组专用，可自动顶替该指定 RAID 组中的一个失效磁盘，如图 6-1-5 所示。

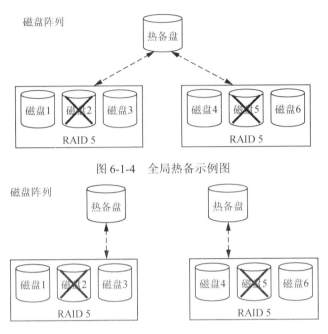

图 6-1-4　全局热备示例图

图 6-1-5　专用热备示例图

2）热插拔（Hot Swap）。热插拔指在不影响系统正常运转的情况下，用正常的磁盘物理替换 RAID 系统中失效磁盘关键在于热插拔时电子器件的保护机制。

（3）RAID 形成 LUN

对物理磁盘组形成的 RAID 进行分割形成不同的逻辑卷 LUN，其原理类似对物理可管理交换机进行 VLAN 划分，形成多个对应多个虚拟局域网的 VLAN 一样，如图 6-1-6 所示。

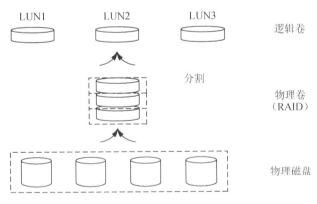

图 6-1-6　物理磁盘形成 RAID

系统将多个已经形成多个物理卷的 RAID 进行分割后形成不同的逻辑卷，分配给服务器或者主机使用，如图 6-1-7 所示。

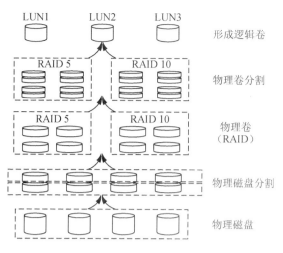

图 6-1-7    多个不同的 RAID 分割形成多个 LUN

## 活动 1    在存储池中创建 RAID

创建 RAID 在项目 5 已经做过非常详细的描述。在这个任务里，需要预先创建一个磁盘阵列，如创建 RAID 5 磁盘阵列，要创建 RAID 5 磁盘阵列要求参与磁盘的数量不小于 3，此处选择了 3 块磁盘参与名称为 RAID-5-test：Disk-1:1:1:1、Disk-1:1:1:2、Disk-1:1:1:3，磁盘类型为 SATA，单块磁盘容量为 1862GB，还添加一块专用热备盘以供该 RAID 组内磁盘失效时，进行 RAID 重建。

RAID 5 创建成功后，可以单击 RAID 的"基本属性"命令，查看创建后的具体信息。

## 活动 2    在存储池中创建并管理 LUN

1. 创建 LUN

在设备树上选择"存储池"→需要创建 LUN 的存储池→LUNs 节点后，在工具栏上单击"创建 LUN"按钮，打开"创建 LUN"对话框，如图 6-1-8 所示；输入相关参数，参数说明请参见表 6-1-1，单击"确定"按钮完成配置。

图 6-1-8    "创建 LUN"对话框

表 6-1-1 "创建 LUN"对话框参数说明

| 配置项参数 | 说　　明 |
|---|---|
| LUN 名称 | 有效字符范围：a~z、A~Z、0~9、"."、"-"、"_"、":" |
| | 长度：1~31 个字符 |
| | 建议 LUN 名称使用"LUN-"开头 |
| | 存储设备中 LUN 不允许重名 |
| 容量 | 指 LUN 的总容量，系统提供两种容量分配方式 |
| | 自定义分配：可手动选择用于创建 LUN 的 RAID，并设置在每个 RAID 上分配多少容量 |
| | 自动分配：系统将自动在符合要求的 RAID 上为 LUN 分配容量，默认是均分策略 |
| 磁盘类型 | 指 LUN 所属 RAID 的成员磁盘类型，包括 SSD、SAS、SATA，系统将根据磁盘类型筛选出符合要求的 RAID |
| RAID 列表 | 指符合创建 LUN 要求的 RAID 列表。当 LUN 容量分配方式设置为"自定义分配"时，可选择用于创建 LUN 的 RAID，并修改分配容量指定在每个 RAID 上分配多少空间 |
| 高级 | 单击"高级"按钮可以展开高级选项配置界面，配置 LUN 的默认所属控制器、同步选项、缓存等功能 |
| 所属控制器 | 指 LUN 的默认所属控制器 |
| 同步选项 | 指 LUN 的同步选项，详见任务 5.2 中活动 2。如果设置了快速同步，快速同步完成后才可以配置业务 |
| 读缓存 | 指启用或禁用 LUN 的读缓存 |
| 写缓存 | 指启用或禁用 LUN 的写缓存 |

　　LUN 是指客户端服务器可访问的存储空间，建议不要跨不同类型的 RAID 创建 LUN。在"名称"文本框中可以输入便于记忆的名称，容量采用自定义分配方案，在 RAID 选择栏里勾选已经创建好的 RAID-5-test，在分配容量栏里根据需求输入指定的容量，但最大不能超过整个 RAID 的可用容量。

　　成功创建 LUN 后，查看设备树的"存储池"→LUN 所属存储池→LUNs 节点，将出现以新创建的 LUN 命名的子节点，选择该 LUN 节点，在信息显示区中可查看该 LUN 的详细信息，如图 6-1-9 所示，具体参数的详细说明参见表 6-1-2。

图 6-1-9　LUN"基本属性"对话框

表 6-1-2　LUN "基本属性"对话框参数说明

| 标签页名称 | 说　　明 |
| --- | --- |
| 基本属性 | 显示 LUN 的容量、健康状态、读缓存状态、写缓存状态等信息 |
| | 支持重命名、修改缓存设置等功能 |
| 布局信息 | 显示 LUN 的分布信息,包括 RAID 名称、级别、剩余容量、磁盘类型等信息 |
| 分配信息 | 显示 LUN 所属客户端名称、访问权限等信息 |

2. LUN 扩容

LUN 扩容的功能主要用于增加正在使用 LUN 的容量,如原来分配给客户端的 LUN-1 容量为 600GB,如图 6-1-10 所示,随着数据存储量的增加,600GB 的容量已经不够用了, 现想给该 LUN-1 扩容 200GB,扩容后,LUN-1 的容量变为 800GB。在 LUN 扩容界面,将 显示被扩容的 LUN 名称、当前容量、扩容容量,条理非常清晰。

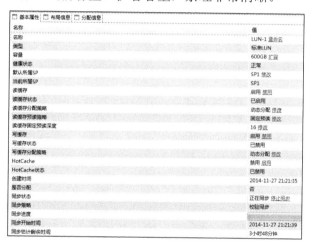

图 6-1-10　LUN-1 "基本属性"标签页

在设备树上选择"存储池"→需要扩容 LUN 的存储池→LUNs→LUN 节点后,在工具 栏上单击"扩容 LUN"按钮,打开"扩容 LUN"对话框,如图 6-1-11 所示;输入相关参 数,参数说明参见表 6-1-3,单击"确定"按钮完成配置,如图 6-1-12 所示。

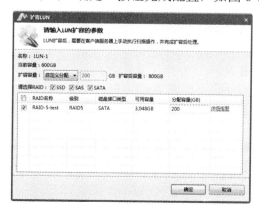

图 6-1-11　"扩容 LUN"对话框

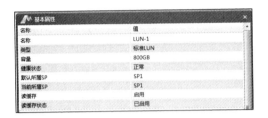

图 6-1-12　扩容后的 LUN 容量

表 6-1-3　"扩容 LUN"对话框参数说明

| 配置项参数 | 说　　明 |
| --- | --- |
| 扩容容量 | 指 LUN 的总容量，系统提供两种容量分配方式 |
| | 自定义分配：可手动选择用于扩容 LUN 的 RAID，并设置在每个 RAID 上分配多少容量 |
| | 自动分配：系统将自动在符合要求的 RAID 上为 LUN 分配容量，默认是均分策略 |
| 磁盘类型 | 指 LUN 所属 RAID 的成员磁盘类型，包括 SSD、SAS、SATA，系统将根据磁盘类型筛选出符合要求的 RAID |
| RAID 列表 | 指符合扩容 LUN 要求的 RAID 列表。当 LUN 容量分配方式设置为"自定义分配"时，可选择用于扩容 LUN 的 RAID，并修改分配容量指定在每个 RAID 上分配多少空间 |

LUN 扩容后，需要在客户端服务器上手动执行扫描操作，并完成扩容后处理。

3. 删除 LUN

只能删除未关联到 Target 的 LUN，如果要删除的 LUN 已经关联，请先手动取消关联再执行删除 LUN 的操作。

在设备树上选择"存储池"→LUN 所属存储池→LUNs→需要删除的 LUN 节点后，在工具栏上单击"删除 LUN"按钮完成配置，如图 6-1-13 所示，输入"yes"，单击"确定"按钮删除。

图 6-1-13　删除 LUN

如果想删除存储池存在的多个 LUN，可通过批量删除 LUN 功能来完成，如现在存储池中有 LUN-1、LUN-2、LUN-3，如图 6-1-14 所示，管理员想对 LUN-1、LUN-2、LUN-3 进行删除，即可通过批量删除 LUN 完成，如图 6-1-15 所示。

| 名称 | 容量 | 当前所属SP | 健康状态 | 读缓存状态 | 写缓存状态 | 是否分配 | |
| --- | --- | --- | --- | --- | --- | --- | --- |
| LUN-1 | 800GB | SP1 | 正常 | 已启用 | 已禁用 | 否 | 详细信息 |
| LUN-2 | 500GB | SP1 | 正常 | 已启用 | 已禁用 | 否 | 详细信息 |
| LUN-3 | 500GB | SP1 | 正常 | 已启用 | 已禁用 | 否 | 详细信息 |
| 总计：3个 | 1,800GB | | | | | | |

图 6-1-14　LUN 列表

---

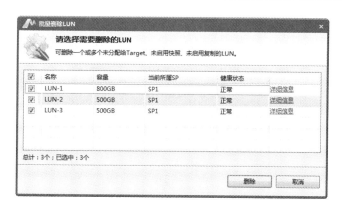

图 6-1-15　"批量删除 LUN"对话框

### 4. 修改 LUN 属性

**01** 查看 LUN 详细信息。

在设备树上选择"存储池"→LUN 所属存储池→LUNs→LUN 节点后，在信息显示区的"基本属性"标签页中可查看该 LUN 的详细信息，如图 6-1-16 所示。

| 基本属性　布局信息　分配信息 | |
| --- | --- |
| 名称 | 值 |
| 名称 | LUN-1 重命名 |
| 类型 | 标准LUN |
| 容量 | 800GB 扩容 |
| 健康状态 | 正常 |
| 默认所属SP | SP1 修改 |
| 当前所属SP | SP1 |
| 读缓存 | 启用 禁用 |
| 读缓存状态 | 已启用 |
| 读缓存分配策略 | 动态分配 修改 |
| 读缓存预读策略 | 固定预读 修改 |
| 读缓存固定预读深度 | 16 修改 |
| 写缓存 | 启用 禁用 |
| 写缓存状态 | 已禁用 |
| 写缓存分配策略 | 动态分配 修改 |
| HotCache | 禁用 启用 |
| HotCache状态 | 已禁用 |
| 创建时间 | 2014-11-27 21:21:35 |
| 是否分配 | 否 |
| 同步状态 | 未同步 开始同步 |

图 6-1-16　LUN"基本属性"标签页

**02** 重命名 LUN。

在 LUN 信息显示区的"基本属性"标签页中，单击"名称"选项对应的"重命名"按钮，打开"重命名 LUN"对话框，如图 6-1-17 所示，输入新的名称，单击"确定"按钮完成配置。

**03** 修改默认所属控制器。

设备重启时，将按照默认所属控制器的设置运行 LUN，修改 LUN 默认所属控制器时，尽量把系统中的 LUN 均分到两个 SP 上。

要确保客户端和 LUN 默认所属控制器之间的网络可达，以避免设备重启后，客户端不能加载基于 LUN 的业务。

在 LUN 信息显示区的"基本属性"标签页中，单击"默认所属 SP"选项对应的"修改"按钮，修改 LUN 的默认所属控制器，如图 6-1-18 所示，输入"yes"即可修改。

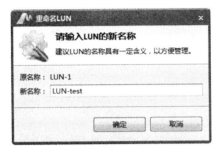

图 6-1-17    LUN 重命名界面

图 6-1-18    修改 LUN 所属 SP

**04** 修改启用/禁用读缓存。

禁用 LUN 读缓存将影响 LUN 的读性能，除非有特殊的需求，否则建议启用 LUN 读缓存。

在 LUN 信息显示区的"基本属性"标签页中，单击"读缓存"选项对应的"启用"/"禁用"按钮启用或禁用 LUN 的读缓存，如图 6-1-19 所示。

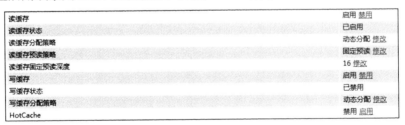

图 6-1-19    修改 LUN 所属 SP

**05** 修改读缓存分配策略。

ODSP 存储设备支持两种读缓存分配策略，支持为每个 LUN 设置不同的策略。

- 动态分配:表示系统根据当前统计周期内每个 LUN 上的读流量动态调整每个 LUN 占用的读缓存大小，使系统读缓存整体利用率达到最佳。
- 固定分配：表示系统根据设置的百分比为该 LUN 分配读缓存空间。

在 LUN 信息显示区的"基本属性"标签页中，单击"读缓存分配策略"选项对应的"修改"按钮，打开"修改 LUN 读缓存分配策略"对话框，如图 6-1-20 所示，选择 LUN 读缓存分配策略，单击"确定"按钮完成配置。

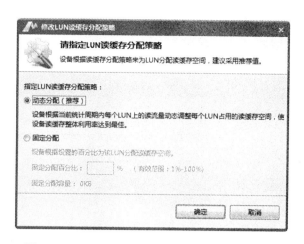

图 6-1-20 "修改 LUN 读缓存分配策略"对话框

**06** 修改读缓存预读策略。

ODSP 存储设备支持两种读缓存预读策略,支持为每个 LUN 设置不同的策略。

- 固定预读:表示启用 LUN 的读缓存预读功能,并采用固定预读深度,适用于流量模型是顺序读的场合。
- 不预读:即禁用 LUN 的读缓存预读功能,适用于流量模型是随机读的场合。

修改 LUN 读缓存预读策略将影响 LUN 的读性能,除非很了解业务的 I/O 模型,否则不要轻易修改,以免影响业务性能。

在 LUN 信息显示区的"基本属性"标签页中,单击"读缓存预读策略"选项对应的"修改"按钮,打开"修改 LUN 读缓存预读策略"对话框,如图 6-1-21 所示,选择 LUN 读缓存预读策略,单击"确定"按钮完成配置。

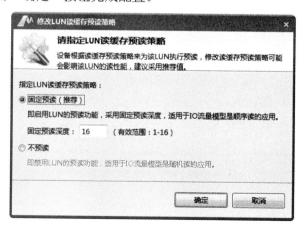

图 6-1-21 "修改 LUN 读缓存预读策略"对话框

**07** 启用/禁用写缓存。

禁用 LUN 写缓存将影响 LUN 的写性能,除非有特殊的需求,否则建议启用 LUN 写缓存。在 LUN 信息显示区的"基本属性"标签页中,单击"写缓存"选项对应的"启用"/"禁用"按钮启用或禁用 LUN 的写缓存,如图 6-1-22 所示。

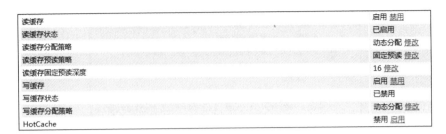

图6-1-22 启用/禁用写缓存

**08** 修改写缓存分配策略。

ODSP存储设备支持两种写缓存分配策略，支持为每个LUN设置不同的策略。

- 动态分配：表示系统根据当前统计周期内每个LUN上的写流量动态调整每个LUN占用的写缓存大小，使系统写缓存整体利用率达到最佳。

- 固定分配：表示系统根据设置的百分比为该LUN分配写缓存空间。

修改LUN写缓存分配策略将影响系统中所有LUN的写性能，除非很了解业务的I/O模型，否则不要轻易修改，以免影响业务性能。

在LUN信息显示区的"基本属性"标签页中，单击"写缓存分配策略"选项对应的"修改"按钮，打开"修改LUN写缓存分配策略"对话框，如图6-1-23所示，选择LUN写缓存分配策略，单击"确定"按钮完成配置。

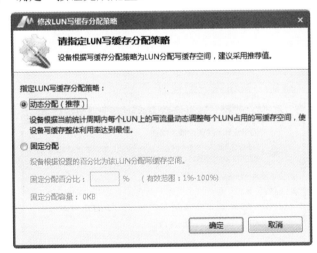

图6-1-23 "修改LUN写缓存分配策略"对话框

5. LUN同步

**01** 查看LUN同步任务信息，在设备树上选择"存储池"→LUN所属存储池→LUNs→LUN节点，在信息显示区的"基本属性"标签页中可查看该LUN同步相关的信息，如图6-1-24所示。

**02** 开始LUN同步任务。

在LUN信息显示区的"基本属性"标签页中，单击"同步状态"选项对应的"开始同步"按钮，开始LUN同步任务，如图6-1-25所示。LUN同步比较耗费系统资源，可选择在多少个小时之后进行 LUN 同步操作。

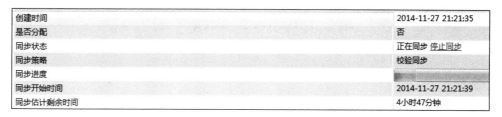

图 6-1-24　LUN 同步任务信息界面

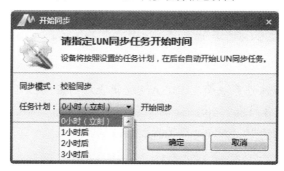

图 6-1-25　"开始同步"对话框

手动开始同步将采用校验同步方式，同步过程中，LUN 可以被访问。

**03** 停止 LUN 同步任务。在 LUN 信息显示区的"基本属性"标签页中，单击"同步状态"选项对应的"停止同步"按钮，停止 LUN 同步任务。

## 一、选择题

某公司有 BBS 主服务器，提供给 Internet 用户访问，要求用户读出效率很高，对写入效率要求不高；管理员考虑数据的重要性，同时为了兼顾存储成本，使用大于 3 块磁盘的情况下，选择一块磁盘用于做奇偶校验盘。该公司存储管理员采用的 RAID 技术是（　　　）。

A．RAID 0　　　　　　B．RAID 1　　　　　　C．RAID 5　　　　　　D．RAID 10

E．RAID 0+1

## 二、问答题

1．在对 RAID 磁盘处理失效的情况下，请简述全局热备盘与专用热备盘的区别。

2．简述 RAID、LUN 的形成过程。

3．在存储管理系统中如何进行 LUN 扩容？如何批量删除 LUN？

# 客户端、Initiator、Target 的管理

## ◎任务描述

通过对项目 4 的学习，我们已经对 iSCSI 基于客户端/服务器架构有了一定的理解，在 SCSI 术语里，客户端称为 Initiator，服务器端称为 Target。客户端 Initiator 通过 SCSI 通道向服务器端 Target 发送请求，服务器 Target 通过 SCSI 通道向客户端 Initiator 发送响应。

本任务将重点放在如何在存储管理系统中管理 Initiator 和 Target。

## ◎ 任务目标

1. 掌握网络存储操作系统管理 IP-SAN 逻辑资源的架构。
2. 掌握 Target、客户端、Initiator 的配置顺序与关联。
3. 掌握客户端与关联 Initiator 与 Target 的方法。
4. 掌握为 Target 关联 LUN 的方法。

## ◎ 设备环境

1. 多块 SATA 磁盘，型号为 WD 20PURX，容量为 2TB。
2. 多块磁盘模块。
3. 一台存储系统，型号为 MacroSAN MS 2510i（宏杉科技产品）。
4. 学生实训用计算机，带有以太网卡。
5. 通过局域网实现学生实训主机与存储系统的 IP 可达。

## 知识 1　Initiator 与 Target 知识回顾

iSCSI 是由 Internet Engineering Task Force 开发的网络存储标准，目的是用 IP 协议将存储设备连接在一起。通过在 IP 网上传送 SCSI 命令和数据，iSCSI 推动了数据在网际之间的传递，同时也促进了数据的远距离管理。由于其出色的数据传输能力，iSCSI 协议被认为是促进存储区域网市场快速发展的关键因素之一。因为 IP 网络的广泛应用，iSCSI 能够在 LAN，WAN 甚至 Internet 上进行数据传送，使得数据的存储不再受地域的限制。

iSCSI 是一种基于网络及 SCSI-3 协议的存储技术，由 IETF 提出，并于 2003 年 2 月 11 日成为正式的标准。与传统的 SCSI 技术比较起来，iSCSI 技术有以下三个革命性的变化：

1）把原来只用于本机的 SCSI 协议透过 TCP/IP 网络传送，使连接距离可做无限的地域延伸。

2）连接的服务器数量无限（原来的 SCSI-3 的上限是 15）。

3）由于是服务器架构，因此也可以实现在线扩容及动态部署。

iSCSI 使用 TCP/IP 协议（一般使用 TCP 端口 860 和 3260）作为沟通的渠道。两台计算机之间利用 iSCSI 的协议来交换 SCSI 命令，让计算机可以通过高速的局域网来把 SAN 模拟成为本地的存储资源。

图 6-2-1 为比较简单的 IP-SAN 结构图，图中使用千兆以太网交换机搭建网络环境，由 iSCSI Initiator（如文件服务器），iSCSI Target（如磁盘阵列及磁带库）组成。

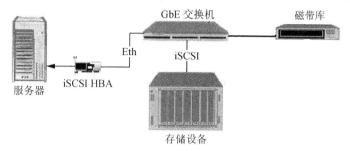

图 6-2-1　SCSI 客户端-服务器架构

Initiator 即典型的计算机系统，发出读、写数据请求；Target 即磁盘阵列之类的存储资源，响应客户端的请求。这两个概念也就是上文提到的发送端及接收端。图 6-2-1 中使用 iSCSI HBA（Host Bus Adapter，主机总线适配卡）连接服务器和交换机，iSCSI HBA 包括网卡的功能，还需要支持 OSI 网络协议堆栈以实现协议转换的功能。在 IP-SAN 中还可以将基于 iSCSI 技术的磁带库直接连接到交换机上，通过存储管理软件实现简单、快速的数据备份。

在 iSCSI 中使用网络实体这个概念，网络实体指的是连接 IP 网络的设备或网关。网络实体必须包含一个或多个网络入口，在一个网络实体中的 iSCSI 节点能够用其中的任意一个网络入口访问 IP 网络。iSCSI 节点是在网络实体中用名称标识的 Initiator 或 Target。一个 SCSI 设备就是该节点的 iSCSI 名称。

网络入口也是网络实体的重要组成部分。对 Initiator 来说，网络入口就是它的 IP 地址。对 Target 来说，其 IP 地址和 TCP 端口就是它的网络入口。

## 知识 2　存储管理系统中的客户端

在 ODSP 资源管理架构中，客户端对应了访问存储资源的应用服务器，即一个客户端通过关联的 Initiator 对应一台应用服务器或一组使用相同权限访问相同 LUN 的应用服务器。在客户端下可创建一个或多个 Target，支持为 Target 关联一个或多个 LUN，从而实现特定的客户端访问特定的资源。

ODSP 存储设备针对客户端提供了 3 种访问权限，详见表 6-2-1。

表 6-2-1　客户端访问权限定义

| 访 问 权 限 | 权 限 说 明 | 配 置 限 制 |
|---|---|---|
| 只读 | 客户端只能从关联的 LUN 中读取数据，不能写入数据 | 只读权限的客户端可以关联一个或多个 Initiator |
| 读写 | 客户端可以从关联的 LUN 中读取数据，也可以写入数据 | 读写权限的客户端只能关联一个 Initiator |

| 访问权限 | 权限说明 | 配置限制 |
|---|---|---|
| 非独占式读写 | 客户端可以从关联的 LUN 中读取数据，也可以写入数据 | 非独占式读写权限的客户端可以关联多个 Initiator |

非独占式读写权限适用于多服务器系统，要求在关联的 Initiator 对应的应用服务器上正确安装相关软件（如集群软件、并行文件系统软件等），以实现多个服务器互斥访问同一存储区域，从而保证数据的准确性和一致性。

为了提供 iSCSI 环境下更高级别的安全性，ODSP 存储设备支持针对 iSCSI 会话的单向 CHAP 认证和双向 CHAP 认证。

单向 CHAP 认证即 Target 端认证 Initiator。在存储设备上可启用 Initiator 的 CHAP 认证，并设置用户名和密码。应用服务器上使用该 Initiator 连接存储设备时，输入该用户名和密码，Target 端检查 iSCSI 连接请求中携带的认证信息是否和在存储设备中预设的认证信息一致，如果一致，可以建立连接；如果不一致，该应用服务器不能访问存储设备的资源。

双向 CHAP 认证即 Initiator 端和 Target 端相互认证。在单向 CHAP 认证的基础上，可以为 iSCSI Target 启用双向 CHAP 认证即在应用服务器上对 Initiator 设置专用的 CHAP 认证用户名和密码，然后在存储设备上为 iSCSI Target 启用双向 CHAP 认证时输入该用户名和密码。当应用服务器发起 iSCSI 连接请求时，判断 Target 返回的 CHAP 认证信息是否和 Initiator 端预设的认证信息一致，如果一致，可以建立连接；如果不一致，该应用服务器不能访问存储设备的资源。

启用双向 CHAP 认证（即 Target 上启用 CHAP 认证）的情况下，只有在对应的 Initiator 上也启用 CHAP 认证，双向 CHAP 认证机制才会生效，否则将忽略 Target 上启用的 CHAP 认证。

 ◀◀◀ 实 训

活动 1 管理客户端

1. 创建客户端

**01** 在设备树上选择"客户端"节点后，在工具栏上单击"创建客户端"按钮，打开"创建客户端"对话框，如图 6-2-2 所示；输入相关参数，参数说明请参见表 6-2-2，单击"确定"按钮完成配置。

**02** 成功创建客户端后，查看设备树的"客户端"节点，将出现以新创建的客户端命名的子节点，选择该客户端节点，在信息显示区中可查看该客户端的详细信息，如图 6-2-3 所示。

客户端信息显示区标签页列表参见表 6-2-3。

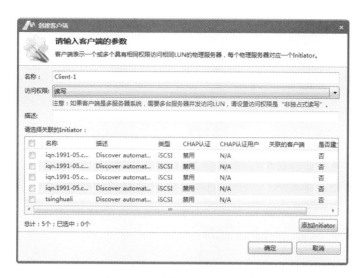

图 6-2-2　"创建客户端"对话框

表 6-2-2　"创建客户端"对话框参数说明

| 配置项参数 | 说　明 |
|---|---|
| 客户端名称 | 名称有效字符范围：a~z、A~Z、0~9、"."、"-"、"_"、":"。<br>长度：1~31 个字符。<br>建议客户端名称使用"Client-"开头。<br>注意：存储设备中客户端不允许重名 |
| 访问权限 | 访问权限包括：只读、读写、非独占式读写，详见本任务知识 2。<br>注意：如果客户端是多服务器系统，需要多台服务器并发访问 LUN，请设置访问权限是"非独占式读写" |
| 描述 | 有效字符范围：a~z、A~Z、0~9、"-"、"_"、":"、"."、","、"!"、"@"、"#"、"%"、"*"、"("、")"、"&"。<br>长度：1~127 个字符 |
| Initiator 列表 | 指系统中的 Initiator 列表，如果需要关联的 Initiator 不在 Initiator 列表中，请单击"添加 Initiator"按钮添加对应的 Initiator。具体步骤详见本任务活动 2。<br>注意：如果客户端访问权限设置为读写，只能关联一个 Initiator |

| □ 基本属性 | □ 关联Initiator 列表 | □ 关联Target列表 | □ 关联LUN列表 | |
|---|---|---|---|---|
| 名称 | | | | 值 |
| 名称 | | | | Client-1 重命名 |
| 描述 | | | | 修改 |
| 访问权限 | | | | 读写 修改 |
| 是否建立连接 | | | | 否 |

图 6-2-3　客户端"基本属性"标签页

表 6-2-3　客户端信息显示区标签页列表

| 标　签　名　称 | 说　明 |
|---|---|
| 基本属性 | 显示客户端的名称、描述、访问权限、是否建立连接等信息。<br>支持重命名、修改描述、修改访问权限等功能 |
| 关联 Initiator 列表 | 显示 Initiator 的名称、类型、是否连接等信息 |

| 标 签 名 称 | 说　明 |
|---|---|
| 关联 Target 列表 | 显示 Target 的名称、类型、绑定端口等信息 |
| 关联 LUN 列表 | 显示 LUN 的名称、容量等信息 |

**2. 删除客户端**

仅支持删除未建立连接的客户端，如果要删除客户端对应的应用服务器和存储设备已经连接，请先手动断开连接再执行删除客户端的操作，如图 6-2-4 所示。

在设备树上选择"客户端"→需要删除的客户端节点后，在工具栏上单击"删除客户端"按钮完成配置，如图 6-2-5 所示。

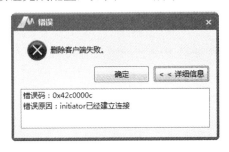
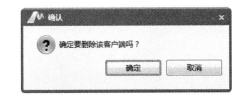

图 6-2-4　删除客户端错误提示信息　　　　图 6-2-5　删除客户端提示信息

**3. 修改客户端属性**

**01** 查看客户端详细信息。

在设备树上选择"客户端"→客户端节点后，在信息显示区的"基本属性"标签页中可查看该客户端的详细信息，如图 6-2-6 所示。

图 6-2-6　客户端"基本属性"标签页

**02** 重命名客户端。

在客户端信息显示区的"基本属性"标签页中，单击"名称"选项对应的"重命名"按钮，打开"重命名客户端"对话框，如图 6-2-7 所示，输入新的名称，单击"确定"按钮完成配置。

**03** 修改客户端描述。

在客户端信息显示区的"基本属性"标签页中，单击"描述"选项对应的"修改"按钮，打开"修改客户端描述"对话框，如图 6-2-8 所示，输入新的描述，单击"确定"按钮完成配置。

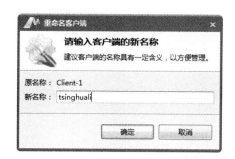

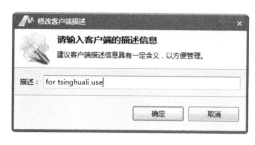

图 6-2-7　"重命名客户端"对话框　　　　　图 6-2-8　"修改客户端描述"对话框

**04** 修改客户端访问权限。

仅支持在未连接状态下修改客户端访问权限。

在客户端信息显示区的"基本属性"标签页中，单击"访问权限"选项对应的"修改"按钮，打开"修改客户端访问权限"对话框，如图 6-2-9 所示，选择客户端访问权限，单击"确定"按钮完成配置。

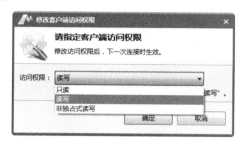

图 6-2-9　"修改客户端访问权限"对话框

### 4. 为客户端关联/取消关联 Initiator

在设备树上选择"客户端"→需要关联/取消关联 Initiator 的客户端节点，如图 6-2-10 所示，没有关联 Initiator 列表，显示为空白。

在工具栏上单击"关联 Initiator"按钮，打开"关联 Initiator"对话框，如图 6-2-11 所示。在 Initiator 列表中勾选客户端需要关联的 Initiator，或取消已关联的 Initiator，单击"确定"按钮完成配置。

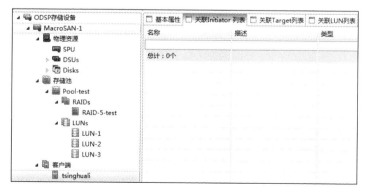

图 6-2-10　"关联 Initiator 列表"标签页

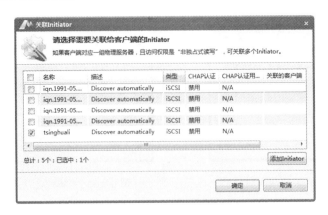

图 6-2-11　"关联 Initiator"对话框

在"关联 Initiator"对话框中，选择名称为 tsinghuali 的 Initiator，单击"确定"按钮，完成之后，再次查看关联 Initiator 列表，显示已经关联了名称为 tsinghuali 的 Initiator 列表，如图 6-2-12 所示。

图 6-2-12　为客户端关联 Initiator 列表后的界面

## 活动 2　管理 Initiator

### 1. 查看 Initiator 列表

在设备树上选择"客户端"节点后，在工具栏上单击"管理 Initiator"按钮，打开"管理 Initiator"对话框，Initiator 列表中显示系统中所有 Initiator，如图 6-2-13 所示。

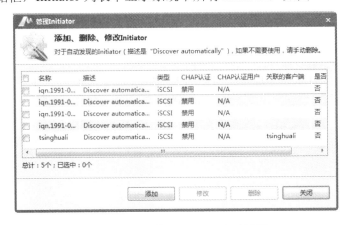

图 6-2-13　"管理 Initiator"对话框

2.　添加 Initiator

在"管理 Initiator"对话框中，单击"添加"按钮，打开"添加 Initiator"对话框；或通过单击客户端关联 Initiator 下方的"添加 Initiator"按钮，打开"添加 Initiator"对话框，如图 6-2-14 所示，添加名称为 tsinghuali 的 Initiator；输入相关参数，参数说明参见表 6-2-4，单击"确定"按钮完成配置。

图 6-2-14　"添加 Initiator"对话框

表 6-2-4　"添加 Initiator"对话框参数说明

| 配置项参数 | 说　明 |
| --- | --- |
| 类型 | Initiator 类型包括 FC、iSCSI |
| 名称 | iSCSI Initiator 名称的有效字符范围：a～z、A～Z、0～9、"."、"-"、":"。<br>长度：1～223 个字符。<br>FC Initiator 名称为 WWPN 格式：8 个 16 进制数，有效范围：00～FF，分隔符为 ":" 或 "-"。<br>注意：存储设备中 Initiator 不允许重名 |
| 描述 | 有效字符范围：a～z、A～Z、0～9、"."、"-"、"_"、"、"、":"、","、"!"、"@"、"#"、"%"、"*"、"("、")"、"&"。<br>长度：1～127 个字符 |
| iSCSI CHAP 认证 | 对于 iSCSI Initiator，可以启用或禁用 CHAP 认证。如果启用 CHAP 认证，可设置认证用户名和密码。<br>用户名有效字符范围：a～z、A～Z、0～9、"."、"-"、":"。<br>用户名长度：1～223 个字符。<br>密码长度：12～16 个字符 |

ODSP 存储设备支持自动发现 Initiator 功能，即 Target 收到 iSCSI Discovery 请求或 FC Login 请求时，自动保存 Initiator 名称。如果 Initiator 不再使用，请登录 ODSP Scope 界面，手动删除不再使用的 Initiator。

3.　修改 Initiator

在"管理 Initiator"对话框中，勾选需要修改的 Initiator，单击"修改"按钮，打开"修改 Initiator 属性"对话框，如图 6-2-15 和图 6-2-16 所示；输入相关参数，参数说明参见表 6-2-5，单击"确定"按钮完成配置。

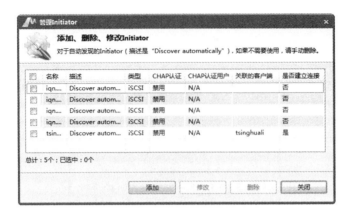

图 6-2-15  "管理 Initiator"对话框

图 6-2-16  "修改 Initiator 属性"对话框

表 6-2-5  "修改 Initiator 属性"对话框参数说明

| 配置项参数 | 说　　明 |
| --- | --- |
| 描述 | 有效字符范围：a～z、A～Z、0～9、"."、"-"、"_"、":"、","、"!"、"@"、"#"、"%"、"*"、"("、")"、"&"。<br>长度：1～127 个字符 |
| iSCSI CHAP 认证 | 对于 iSCSI Initiator，可以启用或禁用 CHAP 认证。如果启用 CHAP 认证，可设置认证用户名和密码。<br>有效字符范围：a～z、A～Z、0～9、"."、"-"、"_"、":"。<br>用户名长度：1～223 个字符。<br>密码长度：12～16 个字符 |

4. 删除 Initiator

仅支持删除未建立连接的 Initiator。如果要删除 Initiator 对应的应用服务器和存储设备已经连接，请先手动断开连接再执行删除 Initiator 的操作，如图 6-2-17 所示。

在"管理 Initiator"对话框中，选择需要删除的 Initiator，单击"删除"按钮完成配置。

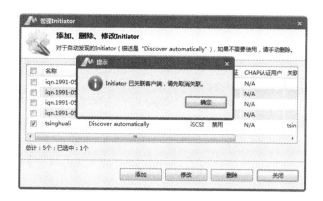

图 6-2-17  删除 Initiator 提示信息

活动 3  管理 Target

1. 创建 Target

**01**  在设备树上选择"客户端"→需要创建 Target 的客户端节点后，在工具栏上单击"创建 Target"按钮，打开"创建 Target"对话框，如图 6-2-18 所示，创建名称为 tsinghuali-target 的 Target，类型为 iSCSI。

图 6-2-18  "创建 Target"对话框

**02**  如果需要创建 FC Target，在 Target 类型下拉列表框中选择"FC"，输入相关参数，参数说明参见表 6-2-6，单击"确定"按钮完成配置。

如果需要创建 iSCSI Target，在 Target 类型下拉列表框中选择"iSCSI"，输入相关参数，参数说明参见表 6-2-6，单击"确定"按钮完成配置。

表 6-2-6  创建 Target 界面参数说明

| 配置项参数 | 说　明 |
| --- | --- |
| Target 类型 | Target 类型包括 iSCSI、FC |
| 名称 | 有效字符范围：a~z、A~Z、0~9、"."、"-"、":"。<br>长度：1~223 个字符。<br>注意：存储设备中 Target 不允许重名 |

续表

| 配置项参数 | 说　明 |
|---|---|
| Target 绑定端口 | 指存储设备上用于响应 Initiator 连接请求的物理端口。<br>对于 iSCSITarget，端口列表中显示的是 iSCSI 端口的 IP 地址。<br>对于 FCTarget，端口列表中显示的是 FC 端口的 WWPN。<br>注意：如果是双 SP 设备，Target 必须同时绑定两个 SP 的端口，否则前端访问路径故障将会导致业务中断 |

**03** 成功创建 Target 后，选择设备树的"客户端"→Target 所属客户端节点后，将出现以新创建的 Target 命名的子节点，选择该 Target 节点，如图 6-2-19 所示。在信息显示区中可查看该 Target 的详细信息，参数说明参见表 6-2-7。

| □ 基本属性 □ 关联Initiator 列表 □ 关联Target列表 □ 关联LUN列表 | | | | |
|---|---|---|---|---|
| 名称 | 类型 | SP1绑定地址 | SP2绑定地址 | 是否建立连接 |
| tsinghuali-target | iSCSI | 172.18.9.7 | | 是 |
| 总计 : 1个 | | | | |

图 6-2-19　查看 Target 节点基本信息

表 6-2-7　Target 信息显示区标签页列表

| 标签名称 | 说　明 |
|---|---|
| 基本属性 | 显示 Target 的名称、绑定端口列表、是否连接等信息。<br>支持修改绑定端口等功能 |
| 关联 LUN 列表 | 显示 LUN 的名称、容量等信息 |

2. 删除 Target

仅支持删除未建立连接的 Target，如果要删除 Target 对应的应用服务器和存储设备已经连接，请先手动断开连接再执行删除 Target 的操作，如图 6-2-20 所示。

在设备树上选择"客户端"→Target 所属的客户端→需要删除的 Target 节点后，在工具栏上单击"删除 Target"按钮完成配置。

图 6-2-20　删除 Target 提示信息

3. 修改 Target 属性

**01** 查看 Target 详细信息。

在设备树上选择"客户端"→Target 所属客户端→Target 节点后，在信息显示区的"基本属性"标签页中可查看该 Target 的详细信息，如图 6-2-21 所示。

单击"关联 LUN 列表"，可将已经为 Target 关联了名称为 LUN-1 的 LUN，容量为 800GB。如图 6-2-22 所示；如果单击"详细信息"按钮，可直接进入 LUN-1 的详细信息界面，如图 6-2-23 所示。

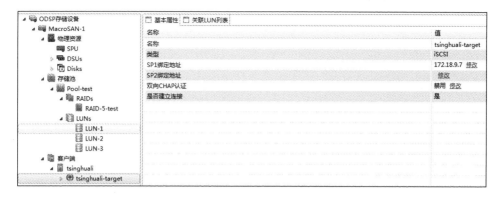

图 6-2-21　Target 节点基本属性

| 名称 | 类型 | 容量 | 当前所属SP | 健康状态 | 是否分配 | |
|------|------|------|-----------|---------|---------|---|
| LUN-1 | LUN | 800GB | SP1 | 正常 | 是 | 详细信息 |
| 总计：1个 | | 800GB | | | | |

图 6-2-22　关联 LUN 列表

图 6-2-23　LUN-1 "基本属性" 对话框

**02** 重命名 FC Target。

存储设备不支持重命名 iSCSI Target。

在 Target 信息显示区的 "基本属性" 标签页中，单击 "名称" 选项对应的 "修改" 按钮，打开 "重命名 FC Target" 对话框，如图 6-2-24 所示，输入新的名称，单击 "确定" 按钮完成配置。

**03** 修改 Target 绑定端口。

如果 Target 已经建立连接，不能修改 Target 绑定端口。

如果是双 SP 设备，Target 必须同时绑定两个 SP 的端口，否则前端访问路径故障将会导致业务中断。

在 Target 信息显示区的"基本属性"标签页中，单击"SP1 绑定端口"或"SP2 绑定端口"选项对应的"修改"按钮，打开"修改 Target 绑定地址"对话框，如图 6-2-25 所示，在 SP1 端口列表和 SP2 端口列表中，勾选需要绑定的端口，单击"确定"按钮完成配置。

图 6-2-24 "重命名 FC Target"对话框

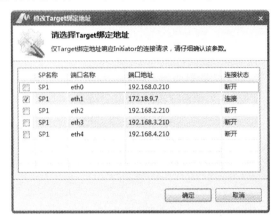

图 6-2-25 "修改 Target 绑定地址"对话框

**04** 修改 Target 双向 CHAP 认证。

启用双向 CHAP 认证（即 iSCSI Target 上启用 CHAP 认证）的情况下，只有在对应的 iSCSI Initiator 上也启用 CHAP 认证，双向 CHAP 认证机制才会生效，否则将忽略 iSCSI Target 上启用的 CHAP 认证。

在 iSCSI Target 信息显示区的"基本属性"标签页中，单击"双向 CHAP 认证"选项对应的"修改"按钮，打开"设置双向 CHAP 认证"对话框，如图 6-2-26 所示；输入相关参数，参数说明参见表 6-2-8。

图 6-2-26 "设置双向 CHAP 认证"对话框

表 6-2-8 "设置双向 CHAP 认证"对话框参数说明

| 配置项参数 | 说　明 |
| --- | --- |
| 双向 CHAP 认证 | 对于 iSCSI Target，可以启用或禁用 CHAP 认证，如果启用 CHAP 认证，可设置认证用户名和密码。<br>有效字符范围：a~z、A~Z、0~9、"."、"-"、":"。<br>用户名长度：1~223 个字符。<br>密码长度：12~16 个字符 |

## 4. 为 Target 关联/取消关联 LUN

如果 Target 已经建立连接，不能取消关联 LUN。如果还没有为 Target 关联 LUN 时，关联 LUN 列表为空，如图 6-2-27 所示。

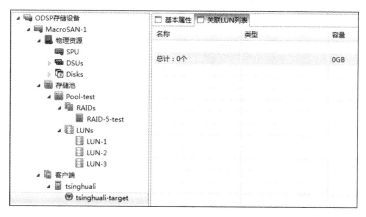

图 6-2-27　Target 关联 LUN 列表

在设备树上选择"客户端"→Target 所属客户端→需要关联/取消关联 LUN 的 Target 节点后，在工具栏上单击"关联 LUN"按钮，打开"关联 LUN"对话框，如图 6-2-28 所示，在 LUN 列表中勾选 Target 需要关联的 LUN-1、LUN-2、LUN-3。

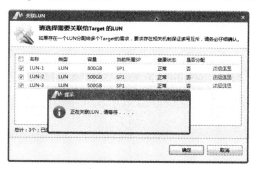

图 6-2-28　为 Target 关联 LUN

为 Target 关联了 LUN-1、LUN-2、LUN-3，其中 LUN-1 的容量为 800GB，LUN-2 的容量为 500GB，LUN-3 的容量为 500GB；如图 6-2-29 所示，可单独单击每一个 LUN 的"详细信息"按钮，查看详细信息。

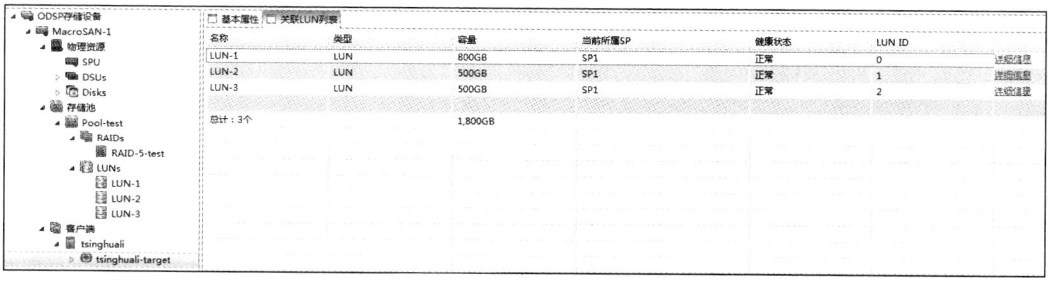

![图 6-2-29 已经为 Target 关联的 LUN 列表]

图 6-2-29　已经为 Target 关联的 LUN 列表

当需要取消关联 LUN 时，勾选已关联的 LUN，单击"确定"按钮完成配置，如图 6-2-30 所示。

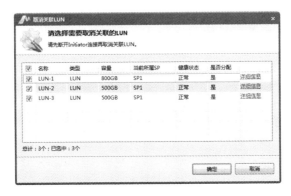

图 6-2-30　取消关联的 LUN

还可以通过单击"详细信息"按钮，查看 LUN 的基本属性信息，如图 6-2-31 所示。

图 6-2-31　LUN 基本属性（LUN-1）

小贴士

在 RAID 降级之后，可使用热备盘通过重建算法恢复 RAID 数据冗余性。ODSP 存储设备支持 3 种热备盘：

1）专用热备盘：该种热备盘只能被所属 RAID 使用。

2）全局热备盘：该种热备盘可以被系统中的所有 RAID 使用，前提是全局热备盘类型和容量满足需要重建的 RAID 的要求。

3）空白磁盘热备：启用空白磁盘热备的情况下，RAID 需要重建时，如果没有专用热备盘或可用的全局热备盘，将使用存储设备中满足要求的空白盘进行重建，无需手动设置该磁盘为热备盘，大大简化存储管理员的操作。

巩 固 练 习

1．简述 ODSP 存储设备针对客户端提供了哪 3 种访问权限，分别有什么特点，在配置上有什么注意事项。

2．练习如何为 Target 关联/取消关联 LUN。

3．练习如何为客户端关联/取消关联 Initiator。

任务6.3　配置逻辑资源的综合实例

◎ 任务描述

假设在实际环境中部署一台 Windows Server 2008 作为企业的应用服务器，一台 Windows 7 作为企业中一个部门的文件服务器。该企业在数据中心部署了一台存储设备，磁盘资源为 5 块 2TB 的 SATA 磁盘。

现在管理员需要为 Windows Server 2008 服务器分配三个 LUN 资源，容量分别为 800GB、500GB、500GB。需要为 Windows 7 分配三个 LUN 资源，容量分别为 500GB、500GB、500GB。在存储管理系统中如何配置？在 Windows Server 2008、Windows 7 中又如何配置呢？

假设存储设备的 IP 地址为 172.18.9.7/24，Windows Server 2008 的 IP 地址为 172.18.9.5/24，Windows 7 的 IP 地址为 172.18.9.6/24，IP 均可达。

◎ 任务目标

1．掌握网络存储操作系统管理 IP-SAN 逻辑资源的架构。

2．掌握 Target、客户端、Initiator 的配置顺序与关联。

3．掌握客户端与关联 Initiator 与 Target 的方法。

4．掌握为 Target 关联 LUN 的方法。

◎ 设备环境

1．多块 SATA 磁盘，型号为 WD 20PURX，容量为 2TB。

2．多块磁盘模块。

3．一台存储系统，型号为 MacroSAN MS 2510i（宏杉科技产品）。

4．学生实训用计算机（Windows 7/ Windows Server 2008），带有以太网卡。

5．通过局域网实现学生实训主机与存储系统的 IP 可达。

▶▶▶ **实 训**

**活动 1　进入存储管理系统**

设备上电后，默认配置如表 6-3-1 所示。

表 6-3-1　SP 的默认配置

| 项　　目 | 默 认 值 |
|---|---|
| 设备名称 | MacroSAN-1 |
| SP1 管理网口 IP 地址 | 172.18.9.7 |
| SP2 管理网口 IP 地址 | 暂无 |
| 管理员 | admin |
| 密码 | admin |

设备管理串口的参数如表 6-3-2 所示，一般用于工程师调试存储设备的具体信息，如当管理员修改过 SP 的 IP 地址之后，却忘记了 IP 地址的情况下，就需要采用超级终端进行串口调试。

表 6-3-2　SP 的 console 口默认配置

| 项　　目 | 默 认 值 |
|---|---|
| 串口波特率（bit/s） | 115200 |
| 数据位 | 8 |
| 奇偶校验 | 无 |
| 停止位 | 1 |
| 数据流控制 | 无 |

在进行配置之前，需要做好如下准备工作：

管理计算机已启动；管理计算机和所有 SP 的管理网口网络可达，可通过 ping 命令进行检查。

设备配置的操作步骤如下：

MacroSAN Scope 是存储设备基于 Java 的 GUI 管理界面，通过访问设备的管理 IP 地址可直接打开管理界面。

**01** 在管理计算机上打开 Web 浏览器，在地址栏中输入 ODSP 存储设备管理网口的 IP 地址，例如：http://172.18.9.7/，并刷新界面，如图 6-3-1 所示。

**02** 如果检测到管理计算机中未安装 JRE6.0 软件，将会提示从存储设备下载 JRE6.0 安装包并安装。

**03** 刷新 Web 浏览器地址栏，系统将自动从 ODSP 存储设备下载 ODSP Scope 程序，如图 6-3-2 所示。

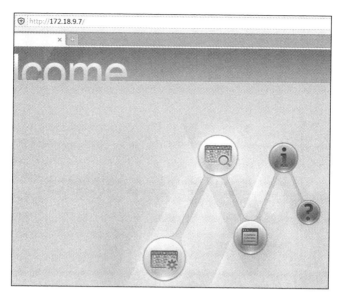

图 6-3-1 设备登录界面

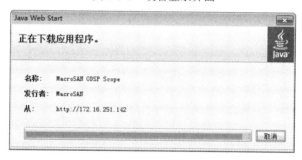

图 6-3-2 下载 ODSP Scope 程序

**04** 下载完成后，系统自动运行 ODSP Scope，"用户登录"对话框如图 6-3-3 所示。输入默认用户名 admin，密码 admin。

单击"确定"按钮，如果用户名和密码无误，直接进入存储管理系统的配置与维护界面，如图 6-3-4 所示。

图 6-3-3 "用户登录"对话框

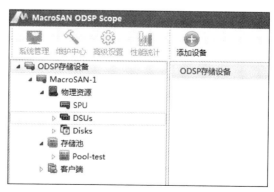

图 6-3-4 存储管理系统的配置与维护界面

## 活动 2　创建 IP-SAN 存储逻辑资源

根据任务描述，需要为 Windows 7 分配 3 个 LUN 资源，容量分别为 500GB、500GB、500GB。

### 第 1 步　创建存储池

在存储管理界面"存储池"，单击"创建存储池"，创建名称为 Pool-test，类型为传统型的存储池，如图 6-3-5 所示。

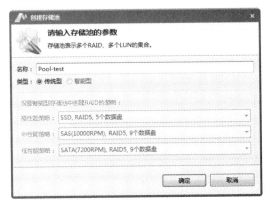

图 6-3-5　"创建存储池"对话框

### 第 2 步　创建 RAID

需要预先创建一个磁盘阵列，如创建 RAID 5 磁盘阵列。因在项目 5 中已详细介绍 RAID 5 磁盘阵列的创建在此不在赘述。

### 第 3 步　创建 LUN

**01**　为 Windows Server 2008 服务器创建 LUN-Windows-2008-1、LUN-Windows-2008-2、LUN-Windows-2008-3，分别对应容量为 800GB、500GB、500GB，如图 6-3-6～图 6-3-8 所示。

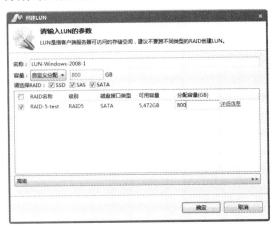

图 6-3-6　创建 LUN-Windows-2008-1

图 6-3-7　创建 LUN-Windows-2008-2

图 6-3-8　创建 LUN-Windows-2008-3

**02** 为 Windows 7 创建 LUN-Windows-7-1、LUN-Windows-7-2、LUN-Windows-7-3,分别对应容量为 500GB、500GB、500GB,如图 6-3-9～图 6-3-11 所示。

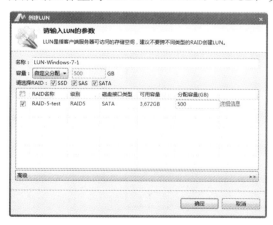

图 6-3-9　创建 LUN-Windows-7-1

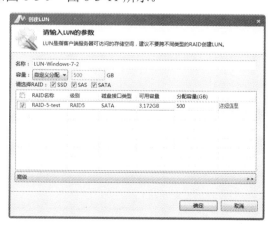

图 6-3-10　创建 LUN-Windows-7-2

图 6-3-11　创建 LUN-Windows-7-3

**03** 查看 LUN 列表，如图 6-3-12 所示，为已经创建好的所有 LUN 列表信息，可核对 LUN 名称、容量及相关状态。

| 名称 | 容量 | 当前所属SP | 健康状态 | 读缓存状态 | 写缓存状态 | 是否分配 | |
|------|------|-----------|---------|-----------|-----------|---------|---|
| LUN-Windows-2008-1 | 800GB | SP1 | 正常 | 已启用 | 已禁用 | 否 | 详细信息 |
| LUN-Windows-2008-2 | 500GB | SP1 | 正常 | 已启用 | 已禁用 | 否 | 详细信息 |
| LUN-Windows-2008-3 | 500GB | SP1 | 正常 | 已启用 | 已禁用 | 否 | 详细信息 |
| LUN-Windows-7-1 | 500GB | SP1 | 正常 | 已启用 | 已禁用 | 否 | 详细信息 |
| LUN-Windows-7-2 | 500GB | SP1 | 正常 | 已启用 | 已禁用 | 否 | 详细信息 |
| LUN-Windows-7-3 | 500GB | SP1 | 正常 | 已启用 | 已禁用 | 否 | 详细信息 |
| 总计：6个 | 3,300GB | | | | | | |

图 6-3-12　LUN 列表

**第 4 步　创建客户端**

我们分别为 Windows Server 2008/Windows 7 创建名称为 Client-Windows-2008、Client-Windows-7，访问权限为可读写的客户端，如图 6-3-13 和图 6-3-14 所示。

图 6-3-13　创建 Client-Windows-2008 客户端

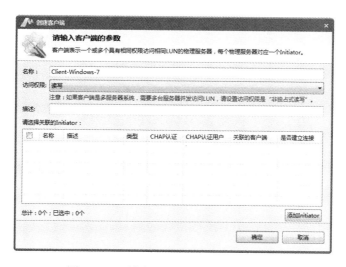

图 6-3-14　创建 Client-Windows-7 客户端

客户端创建完成之后，可以通过客户端列表来查看客户端简要信息，如图 6-3-15 所示。

| 名称 | 描述 | 访问权限 | 是否建立连接 |
|------|------|---------|-------------|
| Client-Windows-2008 | | 读写 | 否 |
| Client-Windows-7 | | 读写 | 否 |

总计：2个

图 6-3-15　客户端列表

**第 5 步　创建 Target**

我们分别为 Windows Server 2008/Windows 7 创建名称为 target-windows-2008、target-windows-7，类型为 iSCSI 的 Target，如图 6-3-16 和图 6-3-17 所示。

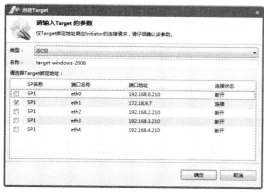

图 6-3-16　创建 target-windows-2008

图 6-3-17　创建 target-windows-7

**第 6 步　为 Target 关联 LUN**

我们分别为 Windows Server 2008/Windows 7 创建好的 Target 关联 LUN。

**01**　为 target-windows-2008 关联 LUN-Windows-2008-1、LUN-Windows-2008-2、

LUN-Windows-2008-3，如图 6-3-18 所示。

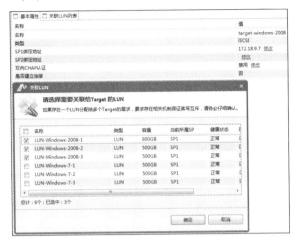

图 6-3-18　target-windows-2008 关联 LUN

关联后的 LUN 列表，如图 6-3-19 所示。

图 6-3-19　target-windows-2008 关联 LUN 列表

**02**　为 target-windows-7 关联 LUN-Windows-7-1、LUN-Windows-7-2、LUN-Windows-7-3，如图 6-3-20 所示。

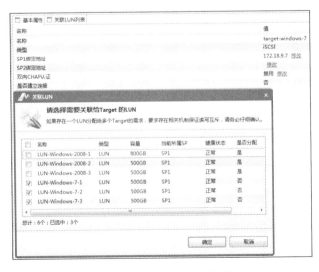

图 6-3-20　target-windows-7 关联 LUN

关联后的 LUN 列表，如图 6-3-21 所示。

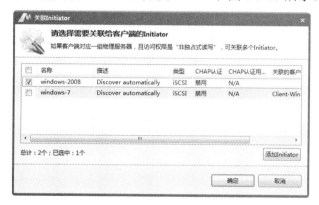

图 6-3-21　target-windows-7 关联 LUN 列表

**第 7 步**　为客户端关联 Initiator

我们分别针对 Windows Server 2008/Windows 7 名称为 Client-Windows-2008、Client-Windows-7 的客户端关联 Initiator，如图 6-3-22 和图 6-3-23 所示。

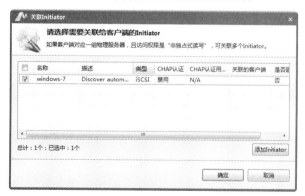

图 6-3-22　关联 Initiator windows-2008

图 6-3-23　关联 Initiator windows-7

**活动 3**　**配置 iSCSI 发起程序并建立与 Target 的连接**

**第 1 步**　配置 Windows Server 2008 iSCSI 发起程序

在 Windows Server 2008 控制面板中的"管理工具"中，直接单击"iSCSI 发起程序"，即可启动该服务，或者直接选择"开始"→"运行"命令，在文本框中里输入"iSCSI 发起程序"，按 Enter 键，弹出"iSCSI 发起程序属性"对话框，如图 6-3-24 所示。

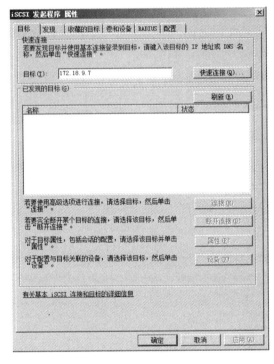

图 6-3-24　"iSCSI 发起程序属性"对话框

**01**　修改 iSCSI 发起程序的名称为 windows-2008，以便与存储端进行 Initiator 关联，如图 6-3-25 和图 6-3-26 所示。

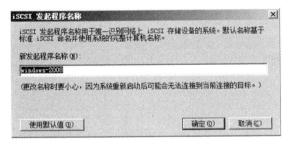

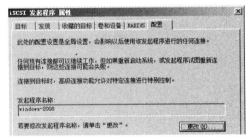

图 6-3-25　修改 iSCSI 发起程序的名称　　　　　　图 6-3-26　修改成功界面

**02**　在"目标"文本框中输入存储端的 IP 地址 172.18.9.7，单击"快速连接"按钮，然后单击"发现"选项卡在"系统将在下列门户上查找目标"列表框中出现 172.18.9.7，端口 3260，如图 6-3-27 和图 6-3-28 所示。

**03**　连接成功后，会出现如图 6-3-29 和图 6-3-30 所示的提示，告知已经与目标连接成功。

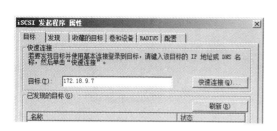

图 6-3-27　快速连接目标

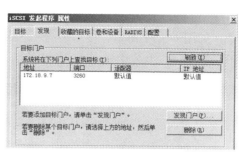

图 6-3-28　目标门户信息

图 6-3-29　连接状态

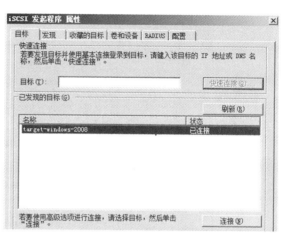

图 6-3-30　连接成功的目标列表

**第 2 步**　配置 Windows Server 2008 磁盘管理程序

**01**　当"iSCSI 发起程序"与存储端的 Target 建立连接之后，就可以通过磁盘管理程序来使用存储端分配过来的 LUN 资源了，存储管理端配置 LUN-Windows-2008-1、LUN-Windows-2008-2、LUN-Windows-2008-3，分别对应容量为 800GB、500GB、500GB。通过磁盘管理程序，我们可以发现有初始化磁盘的提示界面，显示选择磁盘：磁盘 1、磁盘 2、磁盘 3。在此选择 GPT 的分区形式为以上 3 个磁盘进行初始化，如图 6-3-31 所示。

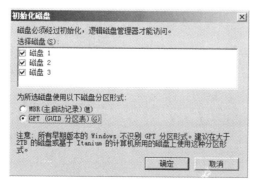

图 6-3-31　"初始化磁盘"对话框

**02** 对磁盘 1、磁盘 2、磁盘 3 进行初始化,显示磁盘 1、磁盘 2、磁盘 3 已经进入联机状态,如图 6-3-32 所示。核对磁盘 1、磁盘 2、磁盘 3 的容量分别对应 800GB、500GB、500GB。

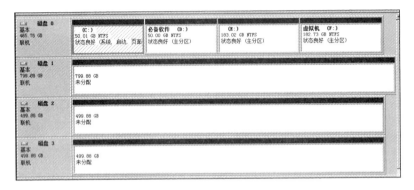

图 6-3-32　初始化后的磁盘信息

**03** 对磁盘 1、磁盘 2、磁盘 3 进行空间分配,以 NTFS 文件系统对磁盘进行格式化,如图 6-3-33 所示,显示正在格式化,因磁盘容量比较大,需要一些时间。

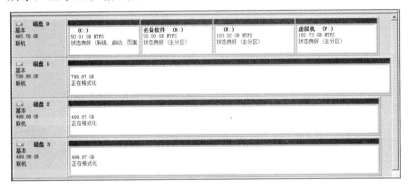

图 6-3-33　格式化磁盘

**04** 格式化后的可用磁盘信息,如图 6-3-34 所示。

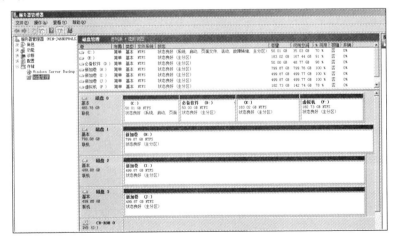

图 6-3-34　格式化后的可用磁盘信息

### 第 3 步　配置 Windows 7 iSCSI 发起程序

iSCSI 技术作为一种新存储技术，将现有 SCSI 接口与以太网技术结合，使服务器可与使用 IP 网络的存储装置互相交换资料。

**01** 在 Windows 7 控制面板中的"管理工具"中，直接单击"iSCSI 发起程序"，即可启动该服务，或者直接选择"开始"→"运行"命令在文本框中输入"iSCSI 发起程序"，按 Enter 键，弹出"iSCSI 发起程序属性"对话框。

**02** 修改发起程序名称为 Windows-7，如图 6-3-35 和图 6-3-36 所示。

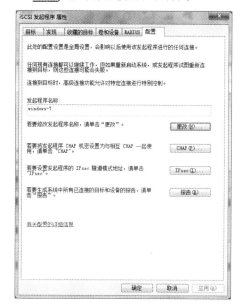

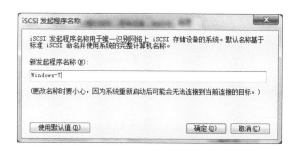

图 6-3-35　修改发起程序名称界面　　　　　图 6-3-36　修改发起程序名称

**03** 现在需要在 Windows 7 下通过"iSCSI 发起程序属性"来连接存储端已经创建的 iSCSI 目标资源，已经部署好的存储端的 IP 地址为 172.18.9.7。在"iSCSI 发起程序属性"对话框的目标标签页中的"目标"文本框中输入 172.18.9.7，单击"快速连接"按钮，如图 6-3-37 所示。

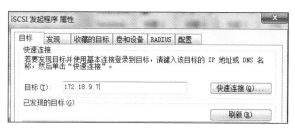

图 6-3-37　快速连接目标

**04** 那么此时已经发现了存储端配置好的 iSCSI Target，名称为 target-windows-7，状态为不活动，单击"连接"，如图 6-3-38 所示。

图 6-3-38　连接目标

此时发现可连接到目标，名称为 target-windows-7，如图 6-3-39 所示。

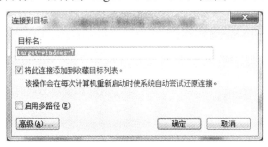

图 6-3-39　连接到目标

再次查看目标栏，发现 target-windows-7 显示状态为已连接，如图 6-3-40 所示。

图 6-3-40　目标已连接

**第 4 步**　配置 Windows 7 磁盘管理程序

**01**　当"iSCSI 发起程序"与存储端的 Target 建立连接之后，可以通过磁盘管理程序来使用存储端分配的 LUN 资源了，存储管理端配置 LUN-Windows-7-1、LUN-Windows-7-2、LUN-Windows-7-3，分别对应容量为 500GB、500GB、500GB。通过磁盘管理程序，可以发现有初始化磁盘的提示界面，显示选择磁盘 1、磁盘 2、磁盘 3。在此我们选择 GPT 的分区形式为以上 3 个磁盘进行初始化，如图 6-3-41 所示。

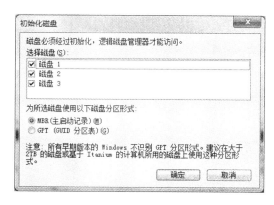

图 6-3-41 初始化磁盘

**02** 我们对磁盘 1、磁盘 2、磁盘 3 进行初始化,显示磁盘 1、磁盘 2、磁盘 3 已经进入联机状态,如图 6-3-42 所示。核对磁盘 1、磁盘 2、磁盘 3 的容量分别对应 500GB、500GB、500GB。

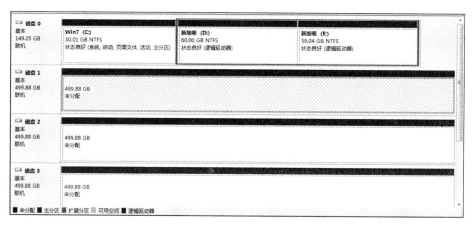

图 6-3-42 初始化后的磁盘

**03** 右击磁盘 1,在弹出的快捷菜单中选择"新建简单卷"命令,出现"新建简单卷向导"对话框,如图 6-3-43 所示。

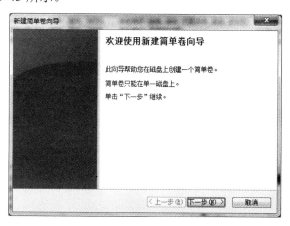

图 6-3-43 "新建简单卷向导"对话框

**04** 指定卷大小，输入最大值 500GB，如图 6-3-44 所示，分配驱动器号和路径，选择分配驱动号为 G，如图 6-3-45 所示。

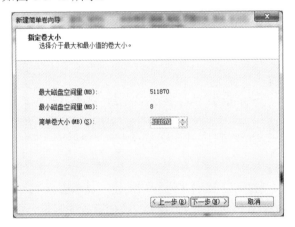

图 6-3-44 指定卷大小

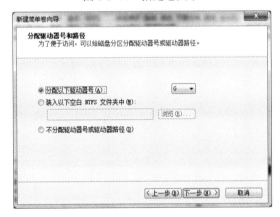

图 6-3-45 分配驱动号

选择以 NTFS 文件系统格式化分区，如图 6-3-46 所示。

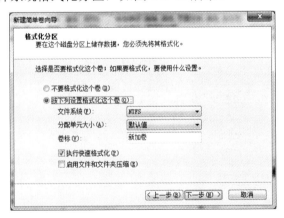

图 6-3-46 格式化分区

**05** 此时，已经完成新建简单卷向导，如图 6-3-47 所示，卷类型为简单卷，选择的磁盘为磁盘 1，卷大小为 500GB，驱动号为 "G:"，文件系统为 NTFS。

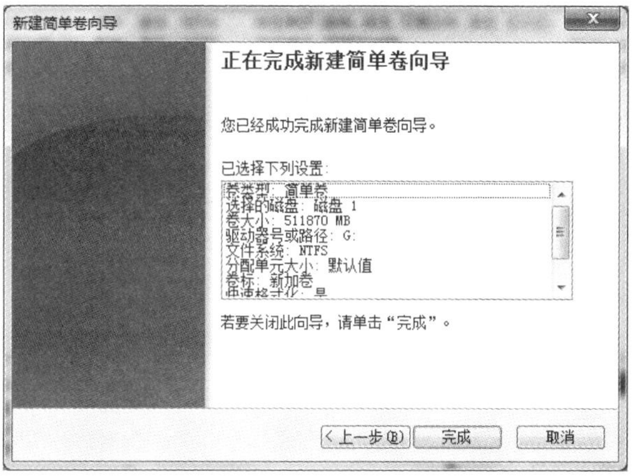

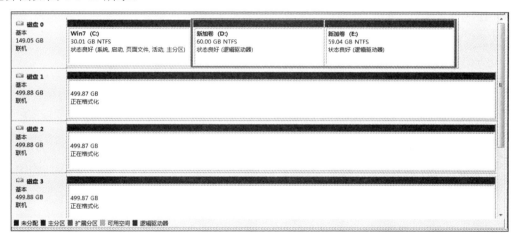

图 6-3-47　完成新建简单卷向导

**06**　以此类推，按步骤完成对磁盘 2、磁盘 3 的操作，磁盘 1、磁盘 2、磁盘 3 格式化界面如图 6-3-48 所示。

图 6-3-48　格式化磁盘

**07**　打开 Windows 资源管理器，发现本地磁盘多出了新加卷 "G:"、新加卷 "H:"、新加卷 "I:"，那么我们就可以像使用本地磁盘一样对 IP-SAN 存储资源进行充分利用了，如图 6-3-49 所示。

图 6-3-49　本地磁盘界面

## 磁盘容量分配单元大小问题

有时候"分配单元大小"参数与分区大小不匹配会导致格式化失败,提示"格式化没有顺利完成",如图 6-3-50 所示。

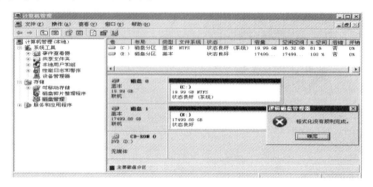

图 6-3-50  格式化失败

在 Windows 环境下,"分配单元大小"参数与分区大小存在固定的对应关系,如图 6-3-51 所示。

| Volume size | Windows NT 3.51 | Windows NT 4.0 | Windows 7, Windows Server 2008 R2, Windows Server 2008, Windows Vista, Windows Server 2003, Windows XP, Windows 2000 |
|---|---|---|---|
| 7 MB–512 MB | 512 bytes | 4 KB | 4 KB |
| 512 MB–1 GB | 1 KB | 4 KB | 4 KB |
| 1 GB–2 GB | 2 KB | 4 KB | 4 KB |
| 2 GB–2 TB | 4 KB | 4 KB | 4 KB |
| 2 TB–16 TB | Not Supported* | Not Supported* | 4 KB |
| 16TB–32 TB | Not Supported* | Not Supported* | 8 KB |
| 32TB–64 TB | Not Supported* | Not Supported* | 16 KB |
| 64TB–128 TB | Not Supported* | Not Supported* | 32 KB |
| 128TB–256 TB | Not Supported* | Not Supported* | 64 KB |
| > 256 TB | Not Supported | Not Supported | Not Supported |

图 6-3-51  "分配单元大小"参数与分区大小的对应关系

如果因"分配单元大小"参数与分区大小不匹配导致格式化失败,需要修改"分配单元大小"参数,方法如图 6-3-52 所示。

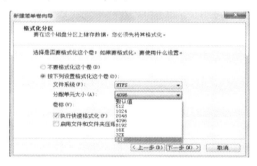

图 6-3-52  修改"分配单元大小"参数

若在存储管理系统创建两个 LUN，信息如下（图 6-3-53）：

LUN-temp 2536GB，对应到 Windows 7 磁盘管理后发现磁盘 1 为 2048GB 和 488GB，LUN-test 1000GB，对应到 Windows 7 磁盘管理后发现磁盘 2 为 1000GB。

请思考：

1. 为什么磁盘 1 空间被分割为两个区间？

2. 为什么未分配 488GB 的空间没法新建卷？

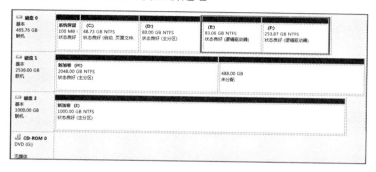

图 6-3-53　磁盘管理界面

# 7 项目

# iSCSI 客户端软件的使用与 CHAP 认证

>>>>

## ◎ 项目导读

　　iSCSI Initiator（发起程序）是客户端服务器上面的一款连接 iSCSI Target 即 iSCSI 存储的客户端软件，现在已经内置于 Windows Sever 2008 及以上的系统中，本项目重点介绍如何使用 iSCSI Initiator 连接 iSCSI Target。

　　Microsoft 提供的 iSCSI 发起器软件，可让 Windows 客户端将以太网卡仿真成 iSCSI 发起器，以便对网络上的 iSCSI 目标设备发起存取需求及建立 iSCSI 联机。

　　Microsoft iSCSI Initiator 可支持 Windows 2000/XP/Server 2003/2008/2012 Windows7 等 Microsoft 作业环境，并分别有支持 x64、IA64、x86 等处理器平台的版本。下载完成安装后，在 Discovery 选单中输入 iSCSI 目标设备的 IP 或 IQN 地址，即可在 Target 选单中选择与 iSCSI 设备建立连接，通过 IP 网络存取 iSCSI 存储设备，还支持多路径传输。

## ◎ 能力目标

● 掌握 Windows 环境下客户端软件安装配置。
● 掌握 Microsoft iSCSI Initiator 的基本操作。
● 掌握 Windows 环境下 iSCSI CHAP 认证配置方法。

# Windows 环境下 iSCSI 客户端软件的使用

◎ **任务描述**

通过对项目 1～项目 6 的学习，我们大概了解了 RAID 与 LUN 的原理与形成过程，并掌握了在 Windows Server 2008、Windows 7 上通过配置 iSCSI 发起程序与存储端 Target 的连接，获取存储资源方法。

本任务主要介绍通过基于软件的 Initiator 调用 Hypervisor 虚拟化引擎内嵌的设备驱动，并利用以太网适配器和以太网协议，将 I/O 信息发送给远端的 iSCSI Target 设备。适用于：Windows Server 2003、Windows Server 2008、Windows Server 2012 系统。

本任务主要包括在 Windows 系统下安装和配置 initiator-2.08- build3825-x86fre（32-bit）、initiator-2.08-build3825-x64fre（64-bit）、DynapathWindows-5.01-931 的详细步骤。

Microsoft iSCSI 发起程序安装在 Windows Server 2008 R2、Windows 7、Windows Server 2008 和 Windows Vista 上，但仅在 Windows Server 操作系统中支持使用 Microsoft iSCSI 发起程序启动计算机。

有关如何在 Windows Server 2003 或 Windows XP 上安装 Microsoft iSCSI 发起程序的信息，请参阅 Microsoft 网站上的 Microsoft iSCSI Initiator 版本 2.08（http://go.microsoft. com/ fwlink/?LinkID=44352）。

本任务以 initiator-2.08-build3825-x64fre（64-bit）在 Windows Server 2003 的安装部署为背景。

◎ **任务目标**

1. 掌握 Windows 环境下客户端软件安装配置。
2. 掌握 Microsoft iSCSI Initiator 的基本操作。

◎ **设备环境**

1. 多块 SATA 硬盘，型号为 WD 20PURX，容量为 2TB。
2. 多块磁盘模块。
3. 一台存储系统，型号为 MacroSAN MS 2510i（宏杉科技产品）。
4. 学生实训用计算机，带有以太网卡。
5. 通过局域网实现学生实训主机与存储系统的 IP 可达。

◀◀◀ **知 识** 📖

**知识 1　发起程序名称的基础知识**

每个 iSCSI 发起程序和目标都必须拥有一个全局的唯一名称，通常是 iSCSI 的限定名称（IQN）。一个 IQN 应用于服务器上所有的 iSCSI HBA，包括 Microsoft iSCSI 发起程序。

不应该将 iSCSI HBA 配置为具有与其他 iSCSI HBA 和 Microsoft iSCSI 发起程序使用的 IQN 不同的 IQN，所有的 iSCSI HBA 必须共享相同的名称。

Microsoft iSCSI 发起程序自动选择基于计算机名称和域名系统（DNS）的 IQN。如果计算机的名称或 DNS 发生更改，则 IQN 也会发生更改。但是，管理员可以将 IQN 专门配置为固定的值，如果管理员指定固定的 IQN 名称，则该名称必须保持全局唯一。

### 知识 2　收藏目标的基础知识

Microsoft iSCSI 发起程序支持收藏目标（以前称为永久性目标）。通过使用通用的 API 和 UI，Microsoft iSCSI 发起程序可以将软件和硬件发起程序配置为在重新启动计算机时始终重新连接到目标。因此，这要求该目标上的设备始终连接到计算机。当管理员执行永久登录时，软件和硬件发起程序捕获连接到收藏目标所需的登录信息（例如，CHAP 机密和门户），并将该信息保存到稳定存储中。硬件发起程序可以在启动过程早期发起重新连接，而 Microsoft iSCSI 发起程序中的内核模式驱动程序在 Windows TCP/IP 堆栈和 Microsoft iSCSI 发起程序加载时发起重新连接。

### 知识 3　在 iSCSI 磁盘上运行自动启动服务

当使用 Microsoft iSCSI 发起程序中的内核模式驱动程序启动计算机时，Windows 中的磁盘启动序列与使用 iSCSI 或其他 HBA 启动计算机时的启动序列不同。在启动过程后期，应用程序和服务可以使用由 Microsoft iSCSI 发起程序中的内核模式驱动程序显示的磁盘。某些情况下，直到服务控制管理器发起自动启动服务之后这些磁盘才可用。

Microsoft iSCSI 发起程序包含同步 iSCSI 磁盘的自动启动服务和外观的功能，可以使用自动启动服务启动之前需要显示的磁盘卷列表配置 Microsoft iSCSI 发起程序。若要在通过 iSCSI 磁盘创建的卷上安装自动启动服务，必须执行以下操作：

1）登录计算机将使用的所有目标。确保这些目标是要登录的唯一目标。通过使用 iscsicli 命令 PersistentLoginTarget 或单击 Microsoft iSCSI 发起程序图形用户界面中相应的项目确保这些登录是永久登录。

2）使用磁盘管理器配置磁盘上的所有卷。

3）允许 Microsoft iSCSI 发起程序服务使用 BindPersistentVolumes、AddPersistentVolume、RemovePersistentVolume、ClearPersistentVolumes 这几个 iscsicli 命令或者通过单击图形用户界面中的相应按钮配置永久绑定的卷列表。

### 知识 4　生成 iSCSI 配置报告

可以通过执行以下内容生成一个报告，该报告捕获 Microsoft iSCSI 发起程序的当前配置设置。生成 iSCSI 配置报告的步骤如下：

1）打开 Microsoft iSCSI 发起程序，然后单击"配置"选项卡。

2）单击"报告"按钮。

3）输入文件名，然后单击"保存"按钮。

以下是配置报告中提供的信息类型示例：

```
iSCSI Initiator Report=======================List of Discovered Targets,
Sessions and devices==============================================
Target #0========Target name = iqn.1992-08.com.storage1Session Details
============== Session #1 ==========Number of Connections = 1Connection
#1==============Target Address = 10.0.0.1 Target Port = 3260#0.Disk
3========Address:Port 3: Bus 0: Target 3: LUN 0Target #1========Target
name = iqn.1992-04.com.storage2Session Details==============Session #1
==========Number of Connections = 1Connection #1==============Target
Address = 10.0.0.2 Target Port = 3260#0.  Disk 2========Address:Port 3:
Bus 0: Target 0: LUN 0
```

在 Windows Server 2008 R2 的服务器核心安装上使用 Microsoft iSCSI 发起程序，可以在 Windows Server 2008 R2 的服务器核心安装选项上访问 Microsoft iSCSI 发起程序中的图形用户界面。若要访问它，可以在命令外壳上键入以下内容：iSCSICPL.exe；还可以使用 iSCSICLI.exe 工具从服务器核心安装上的命令外壳配置 Microsoft iSCSI 发起程序。

**◄◄◄ 实 训**

## 活动 1  在 Windows Servers 2003 使用 iSCSI Initiator 软件

**第 1 步**  iSCSI Initiator 2.08 安装文件的获取

下载或复制 iSCSI Initiator 2.08 安装文件至 Windows 服务器上。

Initiator 的版本分 x86、AMD64 和 IA64，使用与机器类型相匹配的版本，这里以 Windows Server 2003 Enterprise Edition 为例，如图 7-1-1 所示。

有关如何在 Windows Server 2003 或 Windows XP 上安装 Microsoft iSCSI 发起程序的信息，请参阅 Microsoft 网站上的 Microsoft iSCSI Initiator 版本 2.08 （http://go.microsoft.com/fwlink/ ?LinkID=44352）。

图 7-1-1  系统属性

**第 2 步**  安装 iSCSI Initiator 软件

**01** 双击 initiator-2.08-build3825-x86fre，打开安装界面并单击"下一步"按钮，如图 7-1-2 所示。

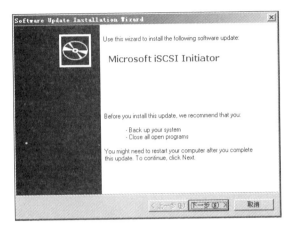

图 7-1-2　安装 Initiator（一）

02 勾选 Initiator Service 和 Software Initiator 复选框，如需使用多路径则还要勾选 Microsoft MPIO Multipathing Support for iSCSI 复选框，如图 7-1-3 所示。

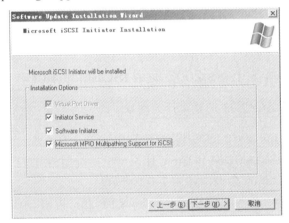

图 7-1-3　安装 Initiator（二）

03 点选 I Agree 单选按钮，然后单击"下一步"按钮，如图 7-1-4 所示。

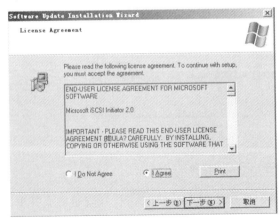

图 7-1-4　安装 Initiator（三）

**04** initiator-2.08-build3825-x86fre 正在安装，如图 7-1-5 所示。

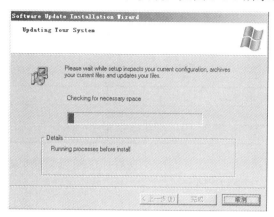

图 7-1-5 安装 Initiator（四）

**05** 单击"完成"按钮，服务器自动重启后完成安装，如图 7-1-6 所示。

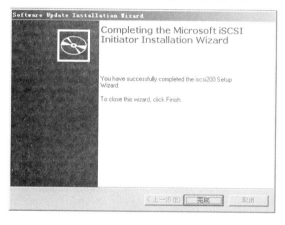

图 7-1-6 安装 Initiator（五）

**06** 软件安装完毕后会在服务器端的桌面上生成一个名称为 Microsoft iSCSI Initiator 的图标，如图 7-1-7 所示。

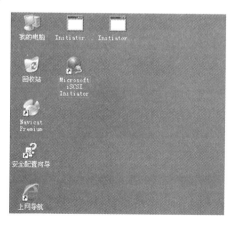

图 7-1-7 安装完毕后桌面

活动 2　配置 Windows Servers 2003 iSCSI 单路径

IP 地址规划见表 7-1-1。

表 7-1-1　IP 地址规划

| 设 备 名 称 | IP 地 址 |
| --- | --- |
| Windows 2003 服务器本地连接 | 172.18.9.200 |
| MS1000 SP1 eth1 | 172.18.9.7 |

按照上述的 IP 地址规划连接服务器与交换机、存储与交换机之间的网线。分别在服务器端和存储端修改相应端口的 IP 地址。

**01**　选择"开始"→"控制面板"，在打开的"控制面板"窗口中，双击 iSCSI Initiator 图标，弹出"iSCSI Initiator 属性"对话框，如图 7-1-8 所示。

**02**　单击"iSCSI Initiator 属性"对话框的 Discovery 选项，单击图 7-1-9 中的 Add 按钮。

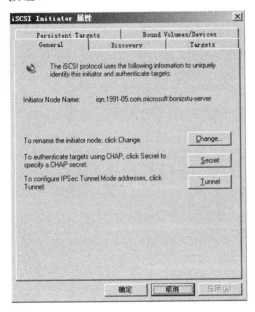
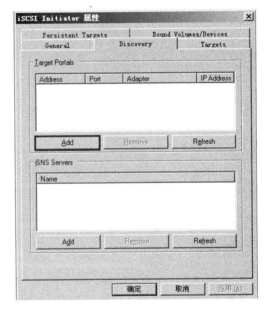

图 7-1-8　"iSCSI Initiator 属性"对话框　　图 7-1-9　"iSCSI Initiator 属性"对话框-Discovery 选项

**03**　在图 7-1-10 中 IP address or DNS name 文本框中输入存储 SP 的 IP 地址 172.18.9.7，和端口 3260，并单击 OK 按钮。此时，在 Discovery 选项的 Target Portals 列表框中已经出现了刚刚添加的存储 SP 地址以及端口列表，如图 7-1-11 所示。

**04**　在 General 标签页中单击 Change 按钮，在弹出的 Initiator Node Name Change 对话框中可以修改发起程序名称，修改后的 iSCSI 发起程序名称必须与创建客户端时关联的 Initiator 名称相同，此时将 Initiator node name 改为容易记忆，便于规划的名称 Windows-2003，如图 7-1-12 和图 7-1-13 所示。

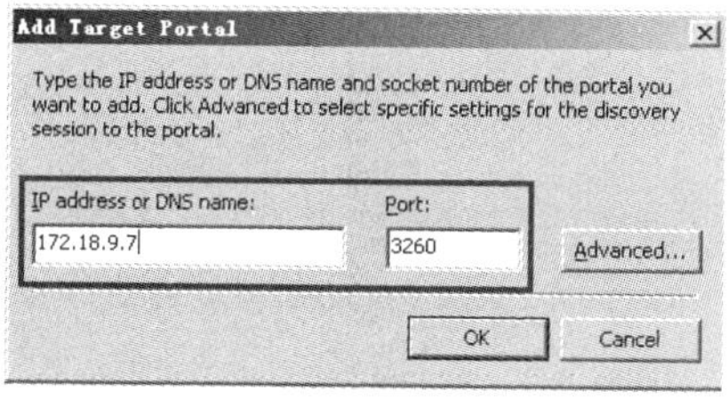

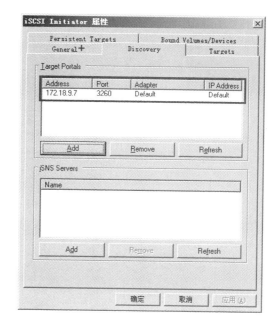

图 7-1-11　添加 Target Portal 后的对话框

图 7-1-10　Add Target Portal 对话框

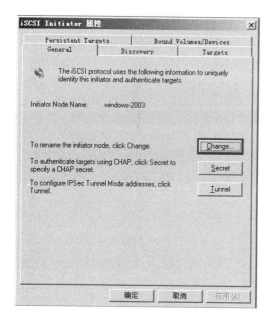

图 7-1-12　"iSCSI Initiator 属性"-General 选项

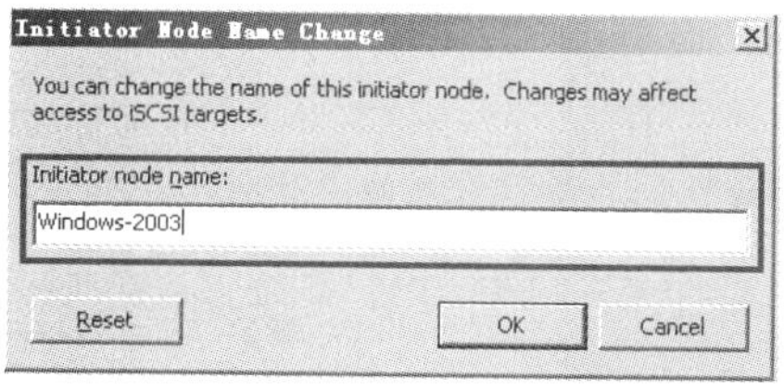

图 7-1-13　Initiator Node Name Change 对话框

**05**　在 Targets 标签页中单击 Refresh 按钮，可以在 Targets 信息栏内看到存储端的 Target 信息。名称为 target-windows-2003 的 Target 显示为不活动状态，如图 7-1-14 所示。

**06**　选中需要建立连接的 Target 信息，再单击 Log on 按钮，如图 7-1-15 所示。

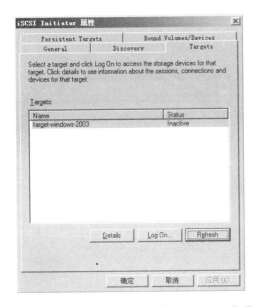

图 7-1-14 "iSCSI Initiator 属性"-Targets 选项

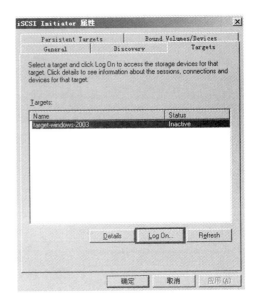

图 7-1-15 选中 Target 建立连接

**07** 在弹出的 Log On to Target 对话框中勾选相应复选框，使用单路径连接存储时，不需要勾选 Enable multi-path 选项，如图 7-1-16 所示。

**08** 单击 OK 按钮，连接成功后，再次查看 Targets 列表，发现名称为 target-windows-2003 的 Target 显示为已经连接的状态，如图 7-1-17 所示。

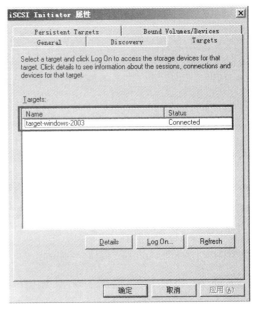

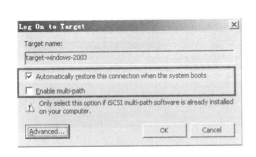

图 7-1-16 Log on to Target 对话框

图 7-1-17 连接成功后界面

**09** 从已经连接的 Target 属性中可以查看会话列表的详细信息，如目的 IP 和端口，会话连接的状态等，如图 7-1-18 和图 7-1-19 所示。

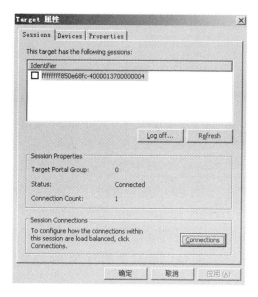
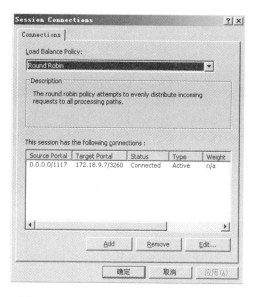

图 7-1-18　"Target 属性"对话框　　　　图 7-1-19　"Sessions connections"对话框

## 活动 3　配置存储管理系统相关逻辑资源

### 第 1 步　创建客户端

我们为 Windows Server 2003 创建名称为 Client-Windows-2003 访问权限为可读写的客户端，如图 7-1-20 所示。

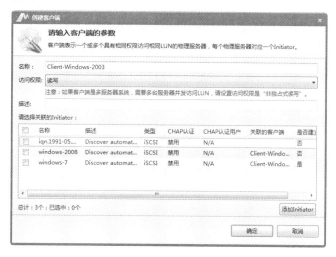

图 7-1-20　创建客户端

### 第 2 步　管理 Initiator

Windows Server 2003 的 Initiator 发起连接到存储端后，在存储管理系统中，通过管理 Initiator，可发现来自 Windows Server 2003 名称为 windows-2003 的 Initiator。为方便在存储端应用，将该 Initiator 关联到名称为 Client-Windows-2003 的客户端，如图 7-1-21 所示。

图 7-1-21　"管理 Initiator"对话框

**第 3 步　创建 Target**

我们为 Windows Server 2003 创建名称为 target-windows-2003，类型为 iSCSI 的 Target，如图 7-1-22 所示。

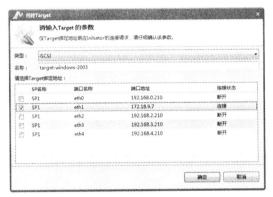

图 7-1-22　"创建 Target"对话框

**第 4 步　创建 LUN**

我们为 Windows Server 2003 创建名称为 LUN-Windows-2003-1 的 LUN，容量为 500GB，如图 7-1-23 所示。

图 7-1-23　"创建 LUN"对话框

**第 5 步**　为 Target 关联 LUN

我们分别为 Windows Server 2003 创建好的 Target 关联 LUN，为 target-windows-2003
关联 LUN-Windows-2003-1，如图 7-1-24 和图 7-1-25 所示。

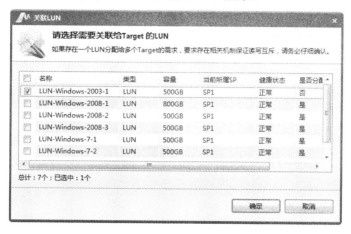

图 7-1-24　"关联 LUN"对话框

图 7-1-25　关联 LUN 列表

**活动 4**　**配置 Windows Server 2003 磁盘管理程序**

当 iSCSI Initiator 与存储端的 Target 建立连接后，我们就可以通过磁盘管理程序来使用
存储端分配过来的 LUN 资源了，存储管理端配置 LUN-Windows-2003-1，对应容量为
500GB，如图 7-1-26 所示。

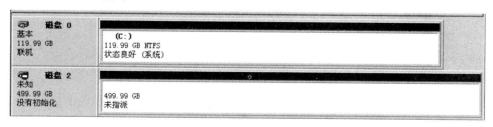

图 7-1-26　磁盘 2 未初始化

**第 1 步**　初始化磁盘

初始化磁盘，选择将磁盘 2 进行初始化，如图 7-1-27 所示。初始化成功后，显示磁盘
2 已经联机，容量为 500GB，磁盘空间未指派，如图 7-1-28 所示。

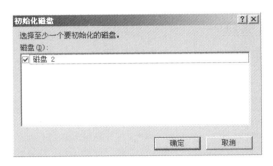

图 7-1-27 "初始化磁盘"对话框

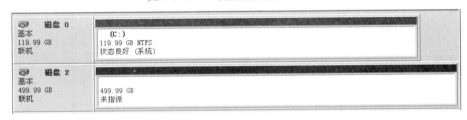

图 7-1-28 初始化完成界面

**第 2 步** 磁盘分区

**01** 在磁盘上右击，在弹出的快捷菜单中选择"新建磁盘分区向导"命令，打开"新建磁盘向导"对话框，单击"下一步"按钮，勾选"扩展磁盘分区"复选框，如图 7-1-29 和图 7-1-30 所示。

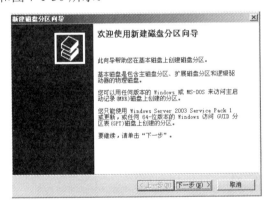

图 7-1-29 新建磁盘分区向导

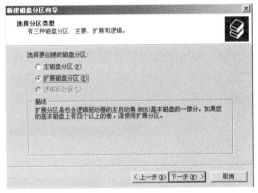

图 7-1-30 选择分区类型

**02** 选择分区大小为 500GB，单击"下一步"按钮，显示已完成新建磁盘分区向导，如图 7-1-31 和图 7-1-32 所示。

**03** 扩展分区创建完成之后，进入创建分区逻辑驱动器步骤，为逻辑驱动器指定分区容量，如图 7-1-33 和图 7-1-34 所示。

**04** 指派驱动器号为"E:"，选择格式化分区文件系统为 NTFS，如图 7-1-35 和图 7-1-36 所示。

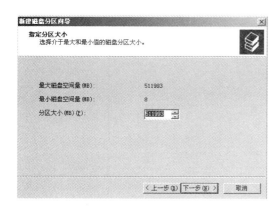

图 7-1-31　指定分区大小

图 7-1-32　完成新建磁盘分区向导

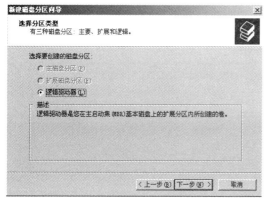

图 7-1-33　创建分区逻辑驱动器

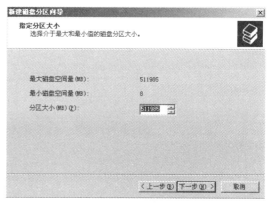

图 7-1-34　指定逻辑驱动器分区容量

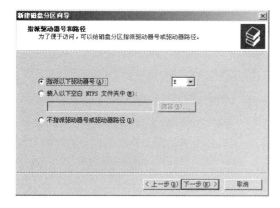

图 7-1-35　指派驱动器号和路径

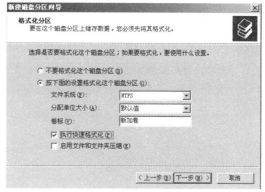

图 7-1-36　格式化分区

**第 3 步　查看磁盘信息**

新建磁盘分区完毕，我们查看磁盘信息，如图 7-1-37 和图 7-1-38 所示。

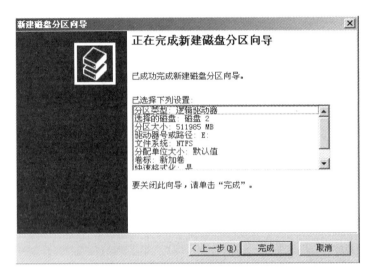

图 7-1-37　完成新建磁盘分区向导

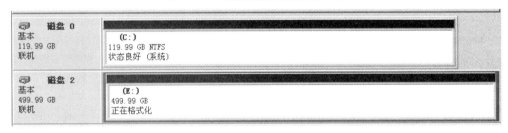

图 7-1-38　正在格式化的磁盘信息

巩 固 练 习

1. 尝试在 Microsoft 官网下载 Microsoft iSCSI Initiator 版本 2.08。

2. 演示 iSCSI Initiator 的安装与使用方法。

3. 在 Windows Server 2003 上演示通过 Initiator 与存储设备的 Target 建立连接的过程。

## 任务 **7.2** Windows 环境下 iSCSI 客户端软件的 CHAP 认证

◎ **任务描述**

CHAP 是一个用于对连接对等方进行身份验证的协议，基于共享密码或机密的对等方。Microsoft iSCSI 发起程序支持单向和双向 CHAP。Microsoft iSCSI 发起程序假定的使用模型是每个目标可以拥有其自己的唯一 CHAP 机密用于单向 CHAP，而发起程序拥有一个机密用于双向 CHAP。

本任务主要介绍 iSCSI 发起程序的 CHAP 认证，适用于 Windows Server 2003、Windows Server 2008、Windows Server 2012 系统。

本任务主要包括在 Windows 系统下安装和配置 initiator-2.08-build3825-x86fre（32-bit）、initiator-2.08-build3825-x64fre（64-bit）、DynapathWindows- 5.01-931 的详细步骤。

◎ **任务目标**

1. 掌握 Windows 环境下 iSCSI CHAP 认证配置方法。
2. 掌握 iSCSI CHAP 认证的基本排错方法。

◎ **设备环境**

1. 多块 SATA 硬盘，型号为 WD 20PURX，容量为 2TB。
2. 多块磁盘模块。
3. 一台存储系统，型号为 MacroSAN MS 2510i（宏杉科技产品）。
4. 学生实训用计算机，带有以太网卡。
5. 通过局域网实现学生实训主机与存储系统的 IP 可达。

◀ ◀ ◀ **知 识**

**知识 1** Microsoft iSCSI 安全性与 CHAP

Microsoft iSCSI 发起程序支持使用和配置质询握手身份验证协议（CHAP）和 Internet 协议安全性（IPsec）。所有支持 Microsoft iSCSI 发起程序的 iSCSI HBA 也都支持 CHAP，但某些可能不支持 IPsec。

Microsoft iSCSI 发起程序可以使用 iscsicli 命令增加 Target 为每个目标持续保留目标 CHAP 机密。在持续将访问仅限于 Microsoft iSCSI 发起程序服务之前需对机密进行加密。如果已持续保留目标机密，则不需要在每次登录尝试时都进行传递。管理应用程序（如 Microsoft iSCSI 发起程序中的图形用户界面）可以在每次登录尝试时都传递目标 CHAP 机密。对于永久性目标，将持续保留目标 CHAP 机密以及用于登录到该目标的其他信息。在持续保留之前，也对分配给 Microsoft iSCSI 发起程序中内核模式驱动程序的每个永久性目标的目标 CHAP 机密进行加密。

CHAP 要求 Microsoft iSCSI 发起程序具有一个用于操作的用户名和机密。通常，将 CHAP 用户名传递给目标，然后目标在其专用表中查找用于该用户名的机密。默认情况下，Microsoft iSCSI 发起程序将 iSCSI 限定名称用作 CHAP 用户名。可以通过将 CHAP 用户名传递给登录请求将其覆盖。

> **注意**
>
> Microsoft iSCSI 发起程序中的内核模式驱动程序将 CHAP 用户名限制为 223 个字符。

有关 CHAP 的详细信息，请参阅 http://go.microsoft.com/fwlink/?LinkId=159074 上的 Microsoft 网站。

## 知识 2  IPsec 的认知

IPsec 是一种在 IP 数据包层提供身份验证和数据加密的协议。在对等端之间使用 Internet 密钥交换（IKE）协议，以允许对等端彼此进行身份验证及协商将用于连接的数据包加密和身份验证机制。

由于 Microsoft iSCSI 发起程序使用 Windows TCP/IP 堆栈，因此它可以使用 Windows TCP/IP 堆栈中所有可用的功能。对于身份验证，它包括预共享密钥、Kerberos 协议和证书。Microsoft iSCSI 发起程序使用 Active Directory 将 IPsec 筛选器分发给运行 Microsoft iSCSI 发起程序的计算机。它除了隧道和传输模式之外，还支持 3DES 和 HMAC-SHA1。

由于 iSCSI HBA 在适配器中嵌入了一个 TCP/IP 堆栈，而 iSCSI HBA 可以实现 IPsec 和 IKE，因此 iSCSI HBA 上可用的功能可能有所不同，至少支持预共享密钥、3DES 和 HMAC-SHA1。Microsoft iSCSI 发起程序有一个通用的 API，用于为 Microsoft iSCSI 发起程序和 iSCSI HBA 配置 IPsec。

有关 IPsec 的详细信息，请参阅 http://go.microsoft.com/fwlink/?LinkId=159075 上的 Microsoft 网站。

## 知识 3  Microsoft iSCSI 发起程序最佳实践

下面是建议用于 Microsoft iSCSI 发起程序配置的最佳实践。

1）部署在快速网络（GigE 或速度更快的网络）上。

2）确保物理安全。

3）对所有账户使用强密码。

4）使用 CHAP 身份验证，因为它确保每个主机都拥有其自己的密码；也建议使用双向 CHAP 身份验证。

5）使用 iSNS 发现和管理对 iSCSI 目标的访问。

使用 Microsoft 多路径 IO（MPIO）管理 iSCSI 存储的多个路径。Microsoft 不支持在用于连接到基于 iSCSI 的存储设备的网络适配器上成组。

Microsoft iSCSI 发起程序中协议的实现兼顾了安全性。除了将 iSCSI SAN 与 LAN 通信隔离之外，还可以通过以下安全方法使用 Microsoft iSCSI 发起程序。

1）单向和双向 CHAP。

2）IPsec。

3）访问控制。

活动 1　单向 CHAP 认证的配置

Windows Sever 2003、Windows Sever 2008、Windows Sever 2012 下 CHAP 认证配置步骤基本一致，本任务以 Windows Sever 2003 环境为例说明 CHAP 认证的配置过程。如果用户无明确要求使用 CHAP 认证，则无需设置。

安装 Initiator 软件详见任务 7.1。

注意开启 Initiator 的 CHAP 认证，并设置密码且密码必须为 12～16B。

**01** 存储端 Initiator CHAP 认证用户配置信息。

```
username:windows-2003;
password:Aa1234567890。
```

**02** 开启 Initiator 的 CHAP 认证，单击 GUI 界面的客户端，然后选择"管理 Initiator"命令，在弹出"管理 Initiator"对话框中勾选需要关联的 Initiator（为 iSCSI 中的 Initiator），单击"修改"按钮，如图 7-2-1 所示。

图 7-2-1　"管理 Initiator"对话框

**03** 在弹出的"修改 Initiator 属性"对话框中，"iSCSI CHAP"下拉列表框中选择"启用"，输入要设置的密码，单击"确定"即可，如图 7-2-2 所示。

图 7-2-2　"修改 Initiator 属性"对话框

**04** 选择"开始"→"控制面板"命令,在打开的"控制面板"窗口中双击 iSCSI Initiator 图标,打开"iSCSI Initiator 属性"对话框,如图 7-2-3 所示。在 General 标签页中单击 Change 按钮,在弹出的对话框中可以修改发起程序名称,修改后的 iSCSI 发起程序名称必须与创建客户端时关联的 Initiator 名称相同,此时我们将 Initiator Node Name 改为我们容易记忆,便于规划的名称为 Windows-2003,如图 7-2-4 所示。

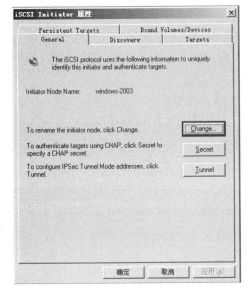

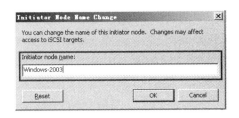

图 7-2-3　"iSCSI Initiator 属性"对话框　　　　图 7-2-4　Initiator Node Name Change 对话框

**05** 添加 Target。在 Discovery 标签页中单击 Add 按钮,打开 Add Target Portal 对话框。在图 7-2-5 中的 IP address or DNS name 文本框中输入存储 SP 的 IP 地址 172.18.9.7 和端口 3260,并单击"OK"按钮。此时,在 Discovery 标签页的 Target Portals 列表框中已经出现了刚刚添加的存储 SP 地址以及端口列表,如图 7-2-6 所示。

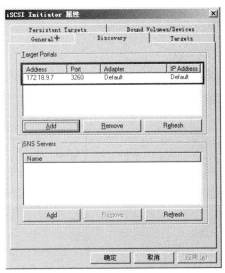

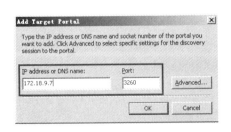

图 7-2-5　Add Target Portal 对话框　　　　图 7-2-6　Target Portals 添加完成后界面

**06** 在 Targets 标签页中，按 Refresh 按钮刷新，可以看到存储上的目标，其状态是 Inactive，选中 Target 目标，单击 Log on，打开 Log On Target 对话框，如图 7-2-7 所示。

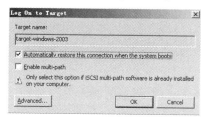

图 7-2-7　登录 Target 界面

在 Log On to Target 对话框中，勾选 Automatically restore this connection when the system boots 复选框可使在系统重启后自动连上 iSCSI 目标卷。

**07** 单击 Advanced 按钮，勾选"启用 CHAP 登录"、"执行相互身份认证"复选框，在"目标机密处"输入 iSCSI 的 Initiator 的 CHAP 密码，密码与存储 GUI 界面上 Iinitiator 一致，用户名为 windows-2003，密码为 Aa1234567890，如图 7-2-8 和图 7-2-9 所示。

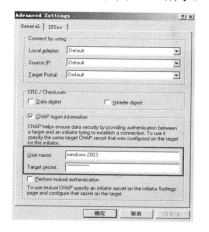

图 7-2-8　Advanced Settings 界面　　　　图 7-2-9　输入 CHAP 认证信息界面

**08** 单击"确定"按钮，这时可以看到目标卷的状态为 Connected，如图 7-2-10 所示。

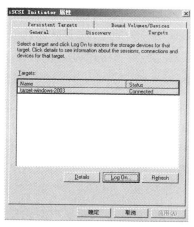

图 7-2-10　与 Target 连接成功界面

活动 2  双向 CHAP 认证的配置

安装 Initiator 软件详见任务 7.1。

按照项目 6 配置 GUI 界面，注意开启 Initiator 的 CHAP 认证和 Target 的双向 CHAP 认证，密码必须为 12～16B，且 Initiator 的 CHAP 认证和 Target 的双向 CHAP 认证的密码不能相同。

例如：

存储端 Initiator CHAP 认证用户配置：

```
username: windows-2003;
password: Aa1234567890.
```

存储 Target 双向 CHAP 认证用户配置：

```
username: target-windows-2003;
password: 0987654321aA.
```

**01** 开启 Initiator 的 CHAP 认证，单击 GUI 界面的"客户端"，然后单击"管理 Initiator"按钮，在弹出"管理 Initiator"对话框中勾选需要关联的 Initiator（为 iSCSI 中的 Initiator），单击"修改"按钮。

**02** 在弹出的"修改 Initiator 属性"对话框中 iSCSI CHAP 选择启用，输入要设置的密码，单击"确定"按钮即可。

**03** 开启 Target 的双向 CHAP 认证，单击"客户端"按钮，在弹出的"客户端"对话框中找到自己创建的客户端，选择自己创建的客户端→Target 命令，然后单击双向 CHAP 认证的"修改"按钮，如图 7-2-11 和图 7-2-12 所示。

图 7-2-11  Target 基本属性界面

图 7-2-12  CHAP 认证提示界面

**04** 在弹出的"设置双向 CHAP 认证"对话框中选择双向 CHAP 认证为启用，输入设置的密码，单击"确定"即可，如图 7-2-13 所示。

图 7-2-13    "设置双向 CHAP 认证"对话框

**05** iSCSI 客户端配置。

选择"开始"→"控制面板"命令，在打开的"控制面板"窗口中双击 iSCSI Initiator 图标，打开"iSCSI Initiator 属性"对话框，如图 7-2-14 所示。

设置双端 CHAP 认证，单击 General 标签页中的 Secret 按钮，如图 7-2-14 所示。设置 Target 的 CHAP 密码，密码必须为 12～16B 之间，密码也必须与存储 GUI 界面上 Target 设置的 CHAP 密码一致，即 0987654321aA，如图 7-2-15 所示。

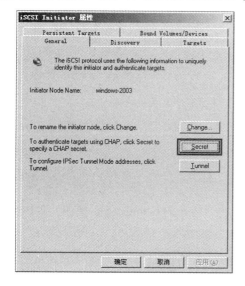

图 7-2-14    "iSCSI Initiator 属性"对话框

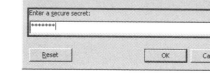

图 7-2-15    设置 CHAP 认证密钥界面

**06** 添加 Target。在"Discovery"标签页中单击"Add"按钮，打开 Add Target Portal 对话框，如图 7-2-16 所示。

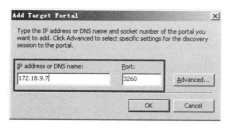

图 7-2-16    Add Target Portal 对话框

输入目标卷所在的存储的 IP 地址或 DNS 名称，默认端口是 3260，如果存储的端口不是按默认的，请用存储上的设置的端口号，单击"确定"按钮，如图 7-2-17 所示。

**07** 在 Targets 标签页中，单击 Refresh 按钮刷新，可以看到存储上的目标，其状态是 Inactive，选中 Target 目标，单击 Log on 按钮。

在 Log On to Target 对话框上，勾选 Automatic ally restore this connection when the system boots 复选框。这使在系统重启后可以自动勾选连上 iSCSI 目标卷。

**08** 单击 Advanced 按钮，在弹出的 Advanced Settings 对话框中勾选"启用 CHAP 登录"，"执行相互身份认证"对话框，在"目标机密处"文本框中输入 iSCSI 的 Initiator 的 CHAP 密码，密码与存储 GUI 界面上 Initiator 一致为 Aa1234567890，单击"确定"按钮，如图 7-2-18 所示。

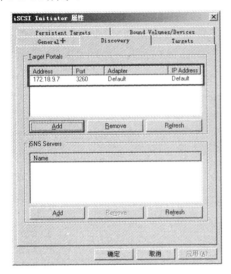

图 7-2-17　目标列表界面

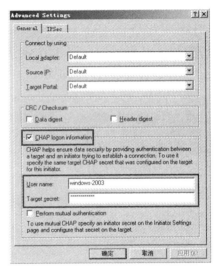

图 7-2-18　Advanced Settings 对话框

**09** 单击"确定"按钮，这时可以看到目标卷的状态为 Connected，如图 7-2-19 所示。

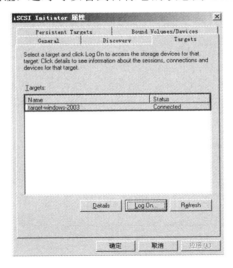

图 7-2-19　Target 连接成功界面

**小贴士**

（1）创建磁盘分区时选择磁盘类型

磁盘类型分为基本磁盘和动态磁盘，如无特殊需要请选择磁盘类型为基本磁盘。主要是因为在 Windows2000/2003+iSCSI Initiator 环境下，服务器重启后，动态磁盘无法自动挂载，需要手动激活。

某些应用软件不支持动态磁盘，如 MSCS、故障转移集群。

（2）CHAP 双向认证问题

若要配置双向 CHAP 认证必须先启用与 Target 关联的 Initiator 的 CHAP 认证，才能使双向 CHAP 认证生效。

（3）CHAP 配置错误问题

在 iSCSI 界面下 Discovery 标签页中，单击 Add 按钮添加完存储的 IP 地址或 DNS 名字后，不可单击 Advanced 按钮来配置 iSCSI Initiator 的 CHAP，否则出现配置错误。

**巩固练习**

1. 简述如何实现 Initiator 的 CHAP 认证。

2. 简述如何实现 Initiator 的 CHAP 认证和 Target 的双向 CHAP 认证。

# 8

**项 目**

# 存储管理系统的设置与维护

>>>>>

◎ **项目导读**

存储管理系统例行维护的目的：

1）通过对存储系统进行例行维护，能够帮助用户及时发现故障，保护业务正常运行。

2）通过检查设备的当前状态，确认设备的运行状况，及时发现故障。

3）通过例行维护确保设备处于正常状态，保证设备出现故障时能够对业务实现最大程度上的保护。

4）在故障发生后，通过及时收集基础信息、存储设备信息、组网以及应用服务器信息，可以帮助维护人员更快速的定位故障原因并排除故障。

◎ **能力目标**

● 掌握存储管理系统高级设置的方法。

● 掌握存储管理系统例行维护的方法。

# 任务 8.1　存储管理系统的高级设置

◎ **任务描述**

修改高级参数可能会影响存储设备的整体性能和业务连续性，每个参数都提供了详细的说明，需要谨慎操作。通过高级设置，可以完成如调整缓存、热备盘、HA 相关参数等操作。

LUN 写缓存的实际状态由 LUN 写缓存设置、全局写缓存设置、控制器在位情况、电池情况共同决定。

禁用全局写缓存将禁用存储设备中所有 LUN 的写缓存，除非有特殊的需求，否则建议设置全局写缓存为"启用"。

缓存页面大小和读写缓存比例影响存储设备的缓存管理和分配策略，请谨慎操作。

修改缓存页面大小和读写缓存比例之前请先手动禁用全局写缓存，修改完成后再手动启用全局写缓存。

本任务，将详细描述调整缓存、热备盘、HA 相关参数。

◎ **任务目标**

1. 掌握 LUN 读写缓存全局参数的方法与意义。

2. 掌握热备盘的全局参数的方法与意义。

3. 掌握 HA 参数方法与意义。

◎ **设备环境**

1. 多块 SATA 硬盘，型号为 WD 20PURX，容量为 2TB。

2. 多块磁盘模块。

3. 一台存储系统，型号为 MacroSAN MS 2510i（宏杉科技产品）。

4. 学生实训用计算机，带有以太网卡。

5. 通过局域网实现学生实训主机与存储系统的 IP 可达。

◀◀◀ **知　识**

## 知识 1　高级设置简介

修改高级参数可能会影响存储设备的整体性能和业务连续性，每个参数都提供了详细的说明，请谨慎操作。

登录设备后，可以单击工具栏上的"高级设置"按钮，打开"高级设置"窗口，如图 8-1-1 所示，可以完成以下操作：

1）设置缓存全局参数。

2）设置热备盘全局参数。

3）设置 HA 参数。

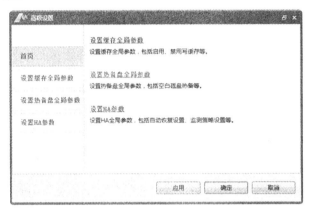

图 8-1-1　"高级设置"窗口

知识2　高级设置窗口界面介绍

　　"高级设置"窗口的左侧是功能列表，右侧是配置区。在功能列表中选择一个选项，在配置区中将自动显示该条目对应的配置项，如图 8-1-2 所示。展开配置项，输入相关的参数后，可单击"确定"按钮完成配置并关闭"高级设置"窗口；或单击"应用"按钮执行当前修改，但是不关闭"高级设置"窗口，可继续进行配置。

图 8-1-2　"高级设置"窗口说明

　实　训

活动1　设置与修改缓存全局参数

（1）设置缓存全局参数

1）启用或禁用 LUN 写缓存设置仅影响单个 LUN 的写缓存状态。

2）如果全局写缓存设置为禁用，将自动禁用存储设备中所有 LUN 的写缓存。

3）启用"单控制器在位时，自动关闭写缓存"后，如果双控系统中任何一个控制器未启动，将自动禁用所有 LUN 的写缓存。

　　4）启用"电池电量不足或电池故障时，自动关闭写缓存"后，如果电池模块电量不足或电池模块发生故障，影响系统供电时，将自动禁用所有 LUN 的写缓存。

　　5）启用"电池超期时，自动关闭写缓存"后，如果电池模块超期，将自动禁用所有 LUN 的写缓存。

　　6）禁用全局写缓存将禁用存储设备中所有 LUN 的写缓存，除非有特殊的需求，否则请设置全局写缓存为"启用"。

　　在"高级设置"窗口的功能列表中选择"设置缓存全局参数"选项，在配置区中展开"设置缓存全局参数"配置项，如图 8-1-3 所示，输入相关参数，单击"应用"按钮完成配置。

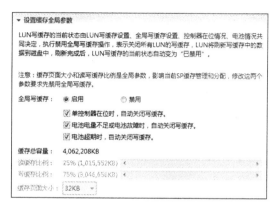

图 8-1-3　设置缓存全局参数界面

（2）修改写缓存刷新策略

　　写缓存刷新策略是全局配置，将影响存储设备中所有 LUN，除非有特殊的需求，否则建议使用默认值。

　　在"高级设置"窗口的功能列表中选择"设置缓存全局参数"选项，在配置区中展开"设置写缓存刷新策略"配置项，如图 8-1-4 所示，输入相关参数，单击"应用"按钮完成配置。

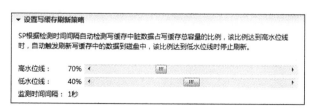

图 8-1-4　设置写缓存刷新策略界面

活动 2　设置热备盘全局参数

　　启用空白磁盘热备后，RAID 需要重建时，如果没有专用热备盘或可用的全局热备盘，将使用存储设备中满足要求的空白盘进行重建，无需手动设置该磁盘为热备盘。设置热备盘全局参数的步骤如下：

　　在"高级设置"窗口的功能列表中选择"设置热备盘全局参数"选项，在配置区中展开"设置空白磁盘热备"配置项，如图 8-1-5 所示，启用或禁用空白磁盘热备，单击"应用"按钮完成配置。

**▼ 设置空白磁盘热备**

启用空白磁盘热备后，RAID需要重建时，如果没有可用的专用热备盘或者全局热备盘，将使用存储系统中可用的空白盘进行重建，无需手动设置该磁盘为热备盘。

空白磁盘热备：◉ 启用　◯ 禁用

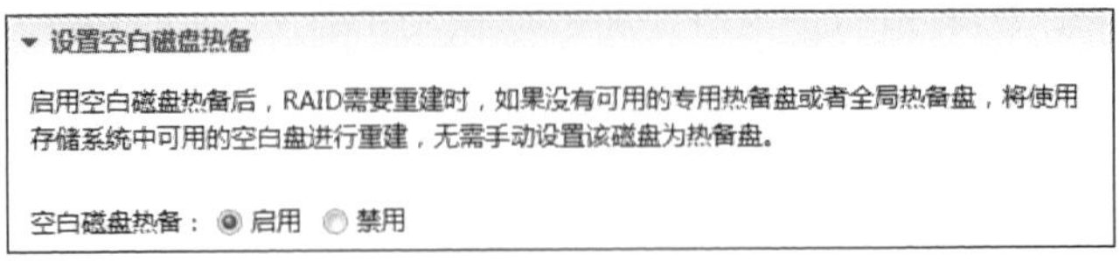

图 8-1-5　设置空白磁盘热备界面

## 活动3　设置 HA 参数

建议 HA 自动恢复选项设置为禁用，即管理员确定故障消除后，再手动执行 HA 恢复。

（1）设置 HA 参数

在"高级设置"窗口的功能列表中选择"设置 HA 参数"选项，在配置区中展开"设置 HA 自动恢复"配置项，如图 8-1-6 所示，启用或禁用 HA 自动恢复选项，单击"应用"按钮完成配置。

**▼ 设置HA自动恢复选项**

HA自动恢复选项设置为启用时，发生接管事件后，被接管端一旦检测到故障消除，将自动发送恢复请求到接管端，接管端和被接管端进行恢复处理，恢复成功后，被接管端加载其原有的资源。
建议HA自动恢复选项设置为禁用，即管理员确认故障事件消除后，再手动执行恢复。

HA自动恢复选项：◉ 启用　◯ 禁用

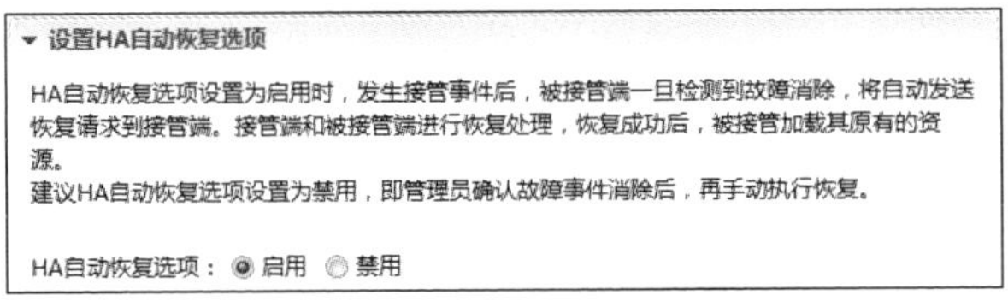

图 8-1-6　设置 HA 自动恢复选项界面

（2）修改 HA 自监测策略

HA 自监测策略将影响 HA 判断故障事件的准确性，并影响从故障发生到接管完成持续的时间，除非有特殊的需求，否则建议使用默认值。修改 HA 自监策略的步骤如下：

在"高级设置"窗口的功能列表中选择"HA 参数设置"选项，在配置区中展开"设置 HA 自监测策略"配置项，如图 8-1-7 所示，输入相关参数，单击"应用"按钮完成配置。

**▼ 设置HA自监策略**

SP根据HA自监测策略进行周期性自检，连续预设次数检测到故障将发送接管请求到对端，请求对端接管本端的资源。
HA自监测策略影响故障事件的判断是否准确，以及接管过程持续的时间，请谨慎设置。

自监测时间间隔（秒）：　　　　　2 ▢　（有效值范围：2-5秒）

检测到故障触发接管的阈值（次）：3 ▢　（有效值范围：3-5次）

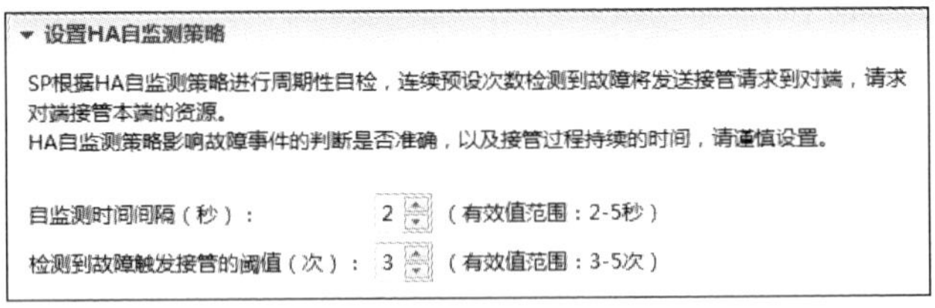

图 8-1-7　设置 HA 自监测策略界面

（3）修改 HA 心跳监测策略

HA 通过心跳检测对端状态，心跳监测策略将影响 HA 判断对端是否正常的准确性，并影响从对端故障到接管完成持续的时间，除非有特殊的需求，否则建议使用默认值。修改 HA 心跳监测策略的步骤如下：

在"高级设置"窗口的功能列表中选择"设置 HA 参数"选项，在配置区中展开"设置 HA 心跳监测策略"配置项，如图 8-1-8 所示，输入相关参数，单击"应用"按钮完成配置。

图 8-1-8　设置 HA 心跳监测策略界面

◀◀◀◀ ◀◀ 巩 固 练 习 ▶▶▶ ▶ ▶

1. 简述设置缓存全局参数的意义。
2. 简述什么情况下，设置空白磁盘热备生效。

## 任务 8.2　存储管理系统的检查与维护

◎ **任务描述**

存储管理系统的检测在环境与物理方面大概包括:

一、检查机房环境

机房环境满足存储设备运行的标准是存储设备长期稳定运行的直接保证，定期检查机房环境可以有效降低存储设备发生故障的概率。

二、检查机架内部环境

机架内部环境是存储设备能否长期稳定运行的重要保证，定期检查机架内部环境可以有效降低存储设备发生故障的概率。

三、检查控制框指示灯状态

控制框指示灯能够实时反映控制框的工作状态，通过观察指示灯可以迅速判断控制框各个部件是否处于正常工作状态。

四、检查硬盘框指示灯状态

检查硬盘框指示灯状态，然后在存储管理中，通过维护中心界面，我们可以查看邮件告警记录、蜂鸣器告警记录、SNMP Trap 记录以及导出日志和诊断信息，以便协助我们进行存储系统的例行内检查和维护。

◎ **任务目标**

1. 掌握 LUN 读写缓存全局参数的方法与意义。
2. 掌握热备盘全局参数的方法与意义。
3. 掌握 HA 参数的方法与意义。

◎ 设备环境

1. 多块 SATA 硬盘，型号为 WD 20PURX，容量为 2TB。
2. 多块磁盘模块。
3. 一台存储系统，型号为 MacroSAN MS 2510i（宏杉科技产品）。
4. 学生实训用计算机，带有以太网卡。
5. 通过局域网实现学生实训主机与存储系统的 IP 可达。

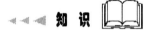 知 识

知识　　维护中心简介

（1）维护中心窗口介绍

登录设备后，可以单击工具栏上的"维护中心"按钮，打开"维护中心"窗口，如图 8-2-1 所示，可以完成以下操作：

1）查看告警记录。
2）导出日志和诊断信息。
3）导出/导入配置。
4）重启和关机。
5）HA 接管/恢复。
6）升级系统软件。

图 8-2-1　"维护中心"窗口

（2）维护中心窗口介绍

"维护中心"窗口的左侧是功能列表，右侧是配置区。在功能列表中选择一个选项，在配置区中将自动显示该条目对应的配置项，如图 8-2-2 所示。展开配置项，输入相关的参数后，可单击"确定"按钮完成配置并关闭"维护中心"窗口；或单击"应用"按钮执行当前修改，但是不关闭"维护中心"窗口，可继续进行配置。

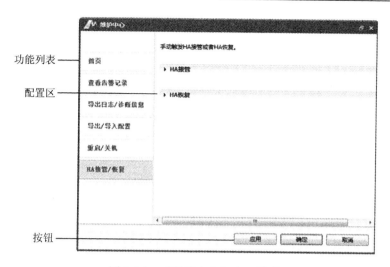

功能列表 —

配置区 —

按钮 —

图 8-2-2　"维护中心"窗口说明

◀◀◀ 实　训

活动 1　查看告警记录

**01** 在"维护中心"窗口的功能列表中选择"查看告警记录"选项，在配置区中展开"查看邮件告警记录"配置项，如图 8-2-3 所示。

图 8-2-3　查看邮件告警记录界面

**02** 单击"查看邮件告警记录"按钮，打开"查看邮件告警记录"对话框，如图 8-2-4 所示，查看最近的邮件告警记录。

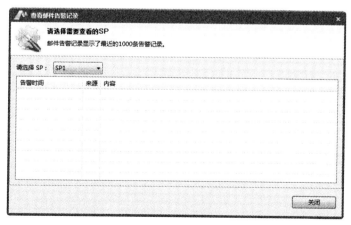

图 8-2-4　"查看邮件告警记录"对话框

## 活动 2　查看蜂鸣器告警记录

**01**　在"维护中心"窗口的功能列表中选择"查看告警记录"选项，在配置区中展开"查看蜂鸣器告警记录"配置项，如图 8-2-5 所示。

图 8-2-5　查看蜂鸣器告警记录界面

**02**　单击"查看蜂鸣器告警记录"按钮，打开"查看蜂鸣器告警记录"对话框，如图 8-2-6 所示，查看最近的蜂鸣器告警记录。

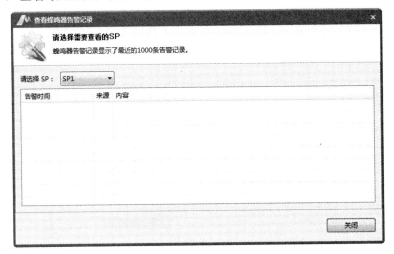

图 8-2-6　"查看蜂鸣器告警记录"对话框

## 活动 3　查看 SNMP Trap 记录

**01**　在"维护中心"窗口的功能列表中选择"查看告警记录"选项，在配置区中展开"查看 SNMP Trap 记录"配置项，如图 8-2-7 所示。

图 8-2-7　查看 SNMP Trap 记录界面

**02**　单击"查看 SNMP Trap 记录"按钮，打开"查看 SNMP Trap 记录"对话框，如图 8-2-8 所示，查看最近的 SNMP Trap 记录。

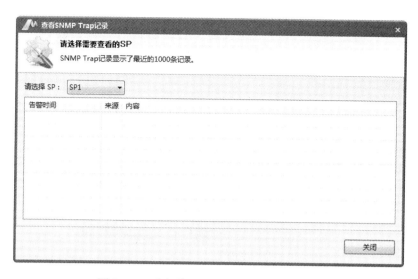

图 8-2-8　"查看 SNMP Trap 记录"对话框

**活动 4　导出日志和诊断信息**

1. 导出日志

**01** 在"维护中心"窗口的功能列表中选择"导出日志和诊断信息"选项，在配置区中展开"导出日志"配置项，如图 8-2-9 所示。

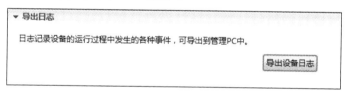

图 8-2-9　导出日志界面

**02** 单击"导出设备日志"按钮，打开"导出设备日志"对话框，如图 8-2-10 所示，选择导出日志的时间范围，并设置保存日志的路径，单击"确定"按钮完成配置。

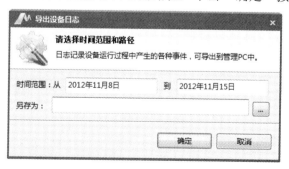

图 8-2-10　"导出设备日志"对话框

2. 导出诊断信息

**01** 在"维护中心"窗口的功能列表中选择"导出日志和诊断信息"选项，在配置区中展开"导出诊断信息"配置项，如图 8-2-11 所示。

图 8-2-11　导出诊断信息界面

**02**　单击"导出诊断信息"按钮，打开"导出诊断信息"对话框，如图 8-2-12 所示，选择需要导出的信息（设备诊断信息或 GUI 控制台日志）、时间范围，并设置保存诊断信息的路径，单击"确定"按钮完成配置。

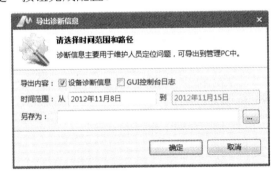

图 8-2-12　"导出诊断信息"对话框

3. 导出/导入配置

配置文件对设备而言非常重要，导入不匹配的配置文件会导致配置混乱，请谨慎操作。导入配置文件后系统将自动重启。

导入配置文件的过程中，不能执行其他管理操作。

**01**　在"维护中心"窗口的功能列表中选择"导出/导入配置"选项，在配置区中展开"导出/导入配置"配置项，如图 8-2-13 所示。

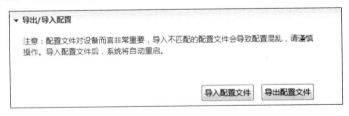

图 8-2-13　导出/导入配置界面

**02**　可执行如下操作：

如果需要导出配置文件，单击"导出配置文件"按钮，打开"导出配置文件"对话框，设置保存配置文件的路径，单击"确定"按钮完成配置。

如果需要导入配置文件，单击"导入配置文件"按钮，打开"导入配置文件"对话框，选择已保存的配置文件，单击"确定"按钮完成配置。

### 活动 5　认识重启和关机

在"维护中心"窗口的功能列表中选择"重启和关机"选项，在配置区中展开"重启和关机"配置项，如图 8-2-14 所示，选择 SP，单击"重启设备"/"关闭设备"按钮重启或关闭 SP。

图 8-2-14　重启和关机界面

### 活动 6　认识 HA 接管/恢复

对于双 SP 设备，两个 SP 按照 Active-Active 模式运行，同时对外提供业务。

SP 根据预设的 HA 自监测策略检测本端的运行状态，如果检测到故障将自动发送接管请求，触发对端接管本端的业务。同时，SP 根据预设的 HA 心跳监测策略检测对端，如果心跳丢失，将自动触发接管对端的业务。以此来保证双 SP 设备任意一端故障不影响业务的连续性。

HA 接管成功后，故障端将自动重启，重启完成后如果系统启用了 HA 自动恢复选项，被接管端将自动从对端恢复业务。

ODSP 存储设备支持手动触发 HA 接管/恢复，如果不希望手动接管后系统自动触发恢复，请在执行 HA 接管之前禁用 HA 自动恢复选项。

1. HA 接管

**01**　在"维护中心"窗口的功能列表中选择"HA 接管/恢复"选项，在配置区中展开"HA 接管"配置项，如图 8-2-15 所示。

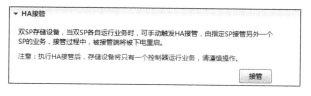

图 8-2-15　HA 接管界面

**02**　单击"接管"按钮，弹出"HA 接管"对话框，选择接管端 SP，如图 8-2-16 所示，单击"确定"按钮完成配置。

图 8-2-16　"HA 接管"对话框

2. HA 恢复

在"维护中心"窗口的功能列表中选择"HA 接管/恢复"选项，在配置区中展开"HA 恢复"配置项，如图 8-2-17 所示，单击"恢复"按钮完成配置。

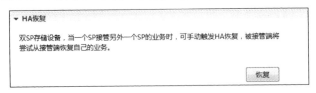

图 8-2-17　HA 恢复界面

巩 固 练 习

1．演示如何导入/导出日志与诊断信息。

2．简述通过查看告警记录与蜂鸣器告警记录，可以读出哪些告警记录？

# 参 考 文 献

韩德志，傅丰. 2009. 高可用存储网络关键技术的研究. 北京：科学出版社.

鲁士文. 2010. 存储网络技术及应用. 北京：清华大学出版社.

孙晓南，余婕. 2014. 网络存储与数据备份. 北京：清华大学出版社.